反黑命令与攻防
从新手到高手

网络安全技术联盟　编著

微课
超值版

清华大学出版社

北京

内容简介

黑客在攻击的过程中，经常使用一些攻击命令。因此，掌握防御黑客命令攻击的技能就显得非常重要。本书在剖析用户进行黑客防御中迫切需要用到或迫切想要用到的命令的同时，力求对其进行实操性的讲解，使读者对网络防御技术形成系统了解，能够更好地防范黑客的攻击。全书共13章，包括计算机知识快速入门、DOS窗口与DOS系统、常见DOS命令的应用、磁盘分区与数据安全、系统安全之备份与还原、SQL注入入侵与弱口令入侵、远程入侵Windows系统、系统进程与入侵隐藏技术、局域网入侵与防御技术、恶意软件与间谍软件的清理、后门入侵与痕迹清理技术、病毒和木马的入侵与防御，以及无线网络的入侵与防御。

本书赠送大量学习资源，包括同步教学微视频和精美教学幻灯片。内容丰富，图文并茂，深入浅出，不仅适用于广大网络爱好者，而且适用于网络安全从业人员及网络管理员。

图书在版编目（CIP）数据

反黑命令与攻防从新手到高手：微课超值版/网络安全技术联盟编著.—北京：清华大学出版社，2024.2
（从新手到高手）
ISBN 978-7-302-65527-5

Ⅰ.①反⋯ Ⅱ.①网⋯ Ⅲ.①黑客—网络防御 Ⅳ.①TP393.081

中国国家版本馆CIP数据核字（2024）第042533号

责任编辑：张　敏
封面设计：杨玉兰
责任校对：胡伟民
责任印制：沈　露

出版发行：清华大学出版社
　　　　网　　　　址：https://www.tup.com.cn，https://www.wqxuetang.com
　　　　地　　　　址：北京清华大学学研大厦A座　　　　邮　　编：100084
　　　　社　　总　　机：010-83470000　　　　邮　　购：010-62786544
　　　　投稿与读者服务：010-62776969，c-service@tup.tsinghua.edu.cn
　　　　质　量　反　馈：010-62772015，zhiliang@tup.tsinghua.edu.cn
　　　　课　件　下　载：https://www.tup.com.cn，010-83470236
印　装　者：艺通印刷（天津）有限公司
经　　　销：全国新华书店
开　　　本：185mm×260mm　　　印　　张：13.75　　　字　　数：360千字
版　　　次：2024年4月第1版　　　印　　次：2024年4月第1次印刷
定　　　价：79.80元

产品编号：074946-01

Preface

前 言

目前，网络安全问题已经日益突出。特别是黑客命令的攻击更是让安全管理人员防不胜防，所以精通常用的反黑命令，能起到事半功倍的作用。本书讲述常见的黑客命令和防护方法，包括各种命令的功能和参数。通过具体的实战操作，使读者可以掌握防护黑客命令攻击的核心技能。除了讲解有线端的攻防策略外，还把目前市场上流行的无线攻防等热点融入本书。

本书特色

知识丰富全面：涵盖黑客命令攻防知识点，由浅入深地帮助读者掌握黑客命令攻防技能。

图文并茂：注重操作，图文并茂，在介绍案例的过程中，每一个操作均有对应的插图。这种图文结合的方式使读者在学习过程中能够直观、清晰地看到操作的过程以及效果，便于更快地理解和掌握。

案例丰富：把知识点融于系统的案例实训中，并且结合经典案例进行讲解和拓展。进而达到"知其然，并知其所以然"的效果。

提示技巧、贴心周到：本书对读者在学习过程中可能会遇到的疑难问题以"提示"的形式进行了说明，以免读者在学习的过程中走弯路。

超值赠送

本书赠送同步教学微视频、精美教学幻灯片、实用教学大纲、100款黑客攻防工具包、108个黑客工具速查手册、160个常用黑客命令速查手册、180页电脑常见故障维修手册、8大经典密码破解工具电子书、加密与解密技术快速入门电子书、网站入侵与黑客脚本编程电子书，帮助学习者掌握黑客防守各方面的知识，读者扫描下方二维码获取相关资源。

十大王牌资源

读者对象

本书不仅适合广大网络爱好者，而且适用于网络安全从业人员及网络管理员。

写作团队

本书由长期研究网络安全知识的网络安全技术联盟编著。在编写过程中，尽所能地将最好的讲解呈现给读者，但也难免有疏漏和不妥之处，敬请不吝指正。

编　者

2023.8

Contents
目　录

第1章　计算机知识快速入门

作为计算机或网络终端设备的用户，要想使自己的设备不受或少受黑客的攻击，就需要学习一些计算机安全方面的知识。本章就来介绍计算机安全的相关技术信息，主要内容包括网络中的相关概念、网络通信的相关协议、认识文件与文件夹、计算机账户、端口与服务等。

1.1　网络中的相关概念

在网络安全中，经常会接触到很多和网络有关的概念，如浏览器、URL、FTP、IP地址及域名等，理解了这些概念，对保护网络安全有一定的帮助。

1.1.1　互联网与因特网

互联网是指将两台计算机或者是两台以上的计算机终端、客户端、服务端通过计算机信息技术的手段互相联系起来的网络。互联网在现实生活中应用很广泛，人们可以在互联网上聊天、玩游戏、查阅东西等。互联网是全球性的，这就意味着这个网络不管是谁发明了它，都是属于全人类的。如图1-1为互联网的结构示意图。

图1-1　互联网结构示意图

因特网是一个把分布于世界各地的计算机用传输介质互相连接起来的网络，因特网是基于TCP/IP协议实现的。TCP/IP协议由很多协议组成，不同类型的协议又被放在不同的层，其中，位于应用层的协议就有很多，比如FTP、SMTP、HTTP。如图1-2为因特网的结构示意图。

图1-2　因特网结构示意图

1.1.2　万维网与浏览器

万维网（World Wide Web，WWW）简称为3W，它是无数个网络站点和网页的集合，也是因特网提供的最主要的服务。它是由多媒体链接而形成的集合，通常我们上网看到的内容就是万维网提供的。如图1-3为使用万维网打开的百度首页。

图1-3　百度首页

提示：互联网、因特网、万维网三者的关系是：互联网包含因特网，因特网包含万维网。凡是能彼此通信的设备组成的网络就叫互联网。所以，即使仅有两台机器，不论用何种技术使其彼此通信，也叫互联网。

浏览器是将互联网上的文本文档（或其他类型的文件）翻译成网页，并让用户与这些文件交互的一种软件工具，主要用于查看网页的内容。微软公司的Microsoft Edge是目前最常用的浏览器之一，如图1-4是使用Microsoft Edge浏览器打开的页面。

图 1-4　Microsoft Edge 浏览器

1.1.3　URL地址与域名

URL（Uniform Resource Locator）即统一资源定位器，也就是网络地址，是在因特网上用来描述信息资源，并将因特网提供的服务统一编址的系统。简单来说，通常在浏览器中输入的网址就是URL的一种，如百度网址https://www.baidu.com。

域名（Domain Name）类似于因特网上的门牌号，是用于识别和定位互联网上计算机的层次结构的字符标识，与该计算机的因特网协议（IP）地址相对应。相对于IP地址而言，域名更便于使用者理解和记忆。URL和域名是两个不同的概念，如https://www.sohu.com/是URL，而www.sohu.com是域名，如图1-5为使用URL地址打开的网页。

图 1-5　使用 URL 地址打开的网页

1.1.4　认识无线网络

无线网络（wireless network）是采用无线信道作为传输介质把各个结点互连所形成的网络。与有线网络的用途十分类似，无线网络最大的不同在于传输媒介。一般来说，无线网络就是我们常说的无线局域网，是基于802.11b/g/n标准的WLAN无线局域网，具有可移动、安装简单、高灵活和高扩展能力等特点。

作为对传统有线网络的延伸，这种无线网络在许多特殊环境中得到了广泛应用，如企业内部、学校内部、家庭等。这种网络的缺点是覆盖范围小，使用距离在5~30m范围内。如图1-6为一个简单的无线局域网示意图。

图 1-6　无线局域网示意图

随着无线数据网络解决方案的不断推出，全球Wi-Fi设备迅猛增长，相信在不久的将来，"不论在任何时间、任何地点都可以轻松上网"这一目标就会被实现。

1.1.5 无线路由器

无线路由器是应用于用户上网、带有无线覆盖功能的路由器。它和有线路由器的作用是一样的，唯一不同的就是无线路由器的顶部或者尾部多了一个或者几个天线，其作用就是提供无线网络支持。除此以外，其他无论是外观，或者是内在配置页面都和同款型的有线路由器一模一样。

目前，市场占有率比较高的无线路由器是TP-LINK无线路由器，其性价比较高。如图1-7为一款TP-LINK千兆无线路由器，具有高速双核、覆盖更远、家长控制、一键禁用等功能。

图 1-7　TP-LINK 千兆无线路由器

1.2　认识文件和文件夹

在Windows 10操作系统中，文件是最小的数据组织单位，文件中可以存放文本、图像和数值数据等信息。为了便于管理文件，用户还可以把文件组织到目录和子目录中，这些目录被认为是文件夹，而子目录则被认为是文件夹的文件或子文件夹。

1.2.1 文件与文件夹

文件是Windows存取磁盘信息的基本单位，是磁盘上存储的信息的一个集合，可以是文字、图片、影片或应用程序等。每个文件都有自己唯一的名称，Windows 10正是通过文件的名字来对文件进行管理的，如图1-8为一个图片文件。

图 1-8　图片文件

文件夹是从Windows 95开始提出的一种名称，其主要用来存放文件，是存放文件的容器。在操作系统中，文件和文件夹都有名字，系统都是根据它们的名字来实现存取的。一般情况下，文件和文件夹的命名规则有以下几点。

- 文件和文件夹名称长度最多可达256个字符，1个汉字相当于2个字符。
- 文件和文件夹名中不能出现这些字符：斜线（\、/）、竖线（|）、小于号（<）、大于号（>）、冒号（：）、引号（"、"）问号（？）、星号（*）。
- 文件和文件夹不区分大小写字母。如abc和ABC是同一个文件名。
- 通常一个文件都有扩展名（一般为3个字符），用来表示文件的类型。文件夹通常没有扩展名。
- 同一个文件夹中的文件和文件夹不能同名。

如图1-9为Windows 10操作系统的"保存的图片"文件夹，双击打开这个文件夹，可以看到存放的文件。

图 1-9　"保存的图片"文件夹

1.2.2 文件和文件夹的存放位置

计算机中的文件或文件夹一般存放在本台电脑中的磁盘或Administrator文件夹当中。

1. 计算机磁盘

理论上说，文件可以被存放在计算机磁盘的任意位置，但是为了便于管理，文件的存放有以下常见的原则，如图1-10所示。

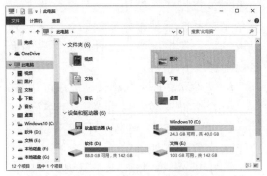

图1-10 "此电脑"文件夹

通常情况下，用户计算机的硬盘最少也被划分为三个分区：C、D和E盘。3个盘的功能分别如下。

- C盘主要是用来存放系统文件。所谓系统文件，是指操作系统和应用软件中的系统操作部分。一般系统默认情况下都会被安装在C盘，包括常用的程序。
- D盘主要用来存放应用软件文件。比如，Office、Photoshop和3ds Max等程序，常常被安装在D盘。对于软件的安装，有以下常见的原则。

（1）一般小的软件，如WinRAR压缩软件等可以安装在C盘。

（2）对于大的软件，如3ds Max等，需要安装在D盘，这样可以少占用C盘的空间，从而保证系统运行的速度。

（3）几乎所有的软件默认的安装路径都在C盘中，电脑用得越久，C盘被占用的空间越多。随着时间的增加，系统反应会越来越慢。所以安装软件时，需要根据具体情况改变安装路径。

- E盘用来存放用户自己的文件。比如，用户自己的电影、图片和Word资料文件等。如果硬盘还有多余的空间，可以添加更多的分区。

2. Administrator文件夹

Administrator文件夹是Windows 10中的一个系统文件夹，是系统为每个用户建立的文件夹，主要用于保存文档、图形，当然也可以保存其他文件。对于常用的文件，用户可以将其放在Administrator文件夹中，以便于及时调用，如图1-11所示。

图1-11 Administrator 文件夹

1.2.3 文件和文件夹的路径

文件和文件夹的路径表示文件或文件夹所在的位置，路径在表示的时候有2种方法：绝对路径和相对路径。

绝对路径是从根文件夹开始的表示方法，根通常用\来表示（区别于网络路径），比如c:\Windows\System32表示C盘下面Windows文件夹下面的System32文件夹。根据文件或文件夹提供的路径，用户可以在电脑上找到该文件或文件夹的存放位置。如图1-12为C盘下面Windows文件夹下面的System32文件夹。

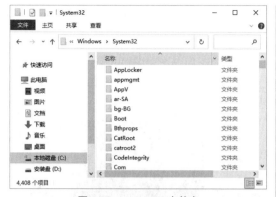

图 1-12　system32 文件夹

相对路径是从当前文件夹开始的表示方法，比如当前文件夹为c:\Windows，如果要表示它下面的System32下面的ebd文件夹，则可以表示为System32\ebd，而用绝对路径应写为c:\Windows\System32\ebd。

1.3　认识Administrator账户

Administrator账户也被称为本地账户，要想系统相对安全，需要给账户设置密码，并添加相关安全措施。

1.3.1　设置账户密码

对于添加的账户，用户可以创建密码，或对创建的密码进行更改，如果不需要密码了，还可以删除账户密码。下面介绍2种创建、更改或删除密码的方法。

1. 通过控制面板中创建、更改或删除密码

具体的操作步骤如下。

Step 01 打开"控制面板"窗口，进入"更改账户"窗口，在其中单击"创建密码"超链接，如图1-13所示。

Step 02 进入"创建密码"窗口，在其中输入密码与密码提示信息，如图1-14所示。

Step 03 单击"创建密码"按钮，返回"更改账户"窗口，在其中可以看到该账户已经添加了密码保护，如图1-15所示。

图 1-13　"更改账户"窗口

图 1-14　"创建密码"窗口

图 1-15　为账户添加密码

Step 04 如果想要更改密码，则需要在"更改账户"窗口中单击"更改密码"超链接，打开"更改密码"窗口，在其中输入新的密码与密码提示信息，最后单击"更改密码"按钮即可，如图1-16所示。

图 1-16 "更改密码"窗口

Step 05 如果想要删除密码，则需要在"更改账户"窗口中单击"更改密码"超链接，打开"更改密码"窗口，在其中设置密码为空，如图1-17所示。

图 1-17 取消账户密码

Step 06 单击"更改密码"按钮，返回"更改账户"窗口，可以看到账户的密码保护已取消，说明已经将账户密码删除了，如图1-18所示。

图 1-18 "更改密码"窗口

2. 在计算机设置中创建、更改或删除密码

具体的操作步骤如下。

Step 01 单击"▦"按钮，在弹出的面板中选择"设置"选项，如图1-19所示。

图 1-19 "设置"选项

Step 02 打开"设置"窗口，如图1-20所示。

图 1-20 "设置"窗口

Step 03 单击"账户"超链接，进入"设置-账户"窗口，如图1-21所示。

图 1-21 "设置 - 账户"窗口

Step 04 选择"登录选项"选项，进入"登录选项"窗口，如图1-22所示。

图 1-22　"登录选项"窗口

Step 05 单击"密码"区域下方的"添加"按钮，打开"创建密码"界面，在其中输入密码与密码提示信息，如图1-23所示。

图 1-23　输入密码

Step 06 单击"下一步"按钮，进入"创建密码"界面，在其中会提示用户下次登录时，请使用新密码，最后单击"完成"按钮，完成密码的创建，如图1-24所示。

Step 07 如果想要更改密码，则需要选择"设置-账户"窗口中的"登录选项"，进入"登录选项"设置界面，如图1-25所示。

Step 08 单击"密码"区域下方的"更改"按钮，打开"更改密码"对话框，在其中输入当前密码，如图1-26所示。

图 1-24　"创建密码"界面

图 1-25　"登录选项"窗口

图 1-26　"更改密码"界面

Step 09 单击"下一步"按钮，打开"更改密码"对话框，在其中输入新密码和密码提示信息，如图1-27所示。

图1-27　输入新密码

Step 10 单击"下一步"按钮，完成本地账户密码的更改操作，最后单击"完成"按钮结束操作，如图1-28所示。

图1-28　密码更改成功

📢提示：如果想要删除密码，只需要在"更改密码"界面中将密码与密码提示设置为空，然后单击"下一步"按钮，完成删除密码操作。

1.3.2　删除用户账户

对于不需要的本地账户，用户可以将其删除，具体的操作步骤如下。

Step 01 打开"管理账户"窗口，在其中选择要删除的账户，如图1-29所示。

图1-29　"管理账户"窗口

Step 02 进入"更改账户"窗口，单击左侧的"删除账户"超链接，如图1-30所示。

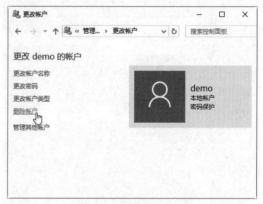

图1-30　"更改账户"窗口

Step 03 进入"删除账户"窗口，提示用户是否保存账户的文件，如图1-31所示。

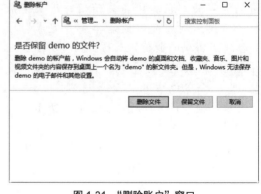

图1-31　"删除账户"窗口

Step 04 单击"删除文件"按钮，进入"确认删除"窗口，提示用户是否确实要删除账户，如图1-32所示。

图1-32 "确认删除"窗口

Step 05 单击"删除账户"按钮即可删除选择的账户，并返回"管理账户"窗口，在其中可以看到要删除的账户已经不存在了，如图1-33所示。

图1-33 删除账户

🔊 提示：对于当前正在登录的账户，Windows是无法删除的，因此，在删除账户的过程中，会弹出一个"用户账户控制面板"信息提示框来提示用户，如图1-34所示。

图1-34 信息提示框

1.3.3 创建新用户账户

在Windows10操作系统中，除本地Administrator账户外，还可以添加新用户账户，具体的操作步骤如下。

Step 01 打开"计算机管理"窗口，选择"本地用户和组"下方的"用户"选项，展开本地用户列表，如图1-35所示。

图1-35 "计算机管理"窗口

Step 02 在用户列表窗格的空白处，单击鼠标右键，在弹出的快捷菜单中选择"新用户"菜单命令，如图1-36所示。

图1-36 "新用户"菜单命令

Step 03 打开"新用户"对话框，在"用户名"和"全名"等文本框中输入新用户名称等信息，如图1-37所示。

Step 04 输入完毕后，单击"创建"按钮，返回"计算机管理"窗口中，可以看到已经创建的新用户，如图1-38所示。

图 1-37 "新用户"对话框

图 1-38 创建一个新用户

1.4 认识端口和服务

端口和服务是计算机操作系统中不可缺少的部分，端口和服务常常被联系在一起，一个端口对应着一个服务，如Web服务默认对应80端口等。

1.4.1 认识端口

端口可以认为是计算机与外界通信交流的出口。一个IP地址的端口可以有65536（256×256）个，端口是通过端口号来标记的，端口号只有整数，范围是0~65535（256×256-1）。

服务器上开放的端口往往是潜在的黑客入侵通道。对目标主机进行端口扫描能够获得许多有用的信息，常用的方法是使用端口扫描工具对指定IP或IP地址段进行扫描，下面介绍使用ScanPort扫描器扫描端口的方法，具体操作步骤如下。

Step 01 下载并运行ScanPort程序，打开ScanPort主窗口，在其中设置起始IP地址、结束IP地址以及要扫描的端口号，如图1-39所示。

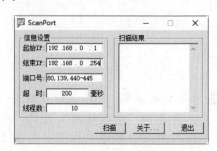

图 1-39 ScanPort 主窗口

Step 02 单击"扫描"按钮，开始进行扫描，从扫描结果中可以看出设置的IP地址段中计算机开启的端口，如图1-40所示。

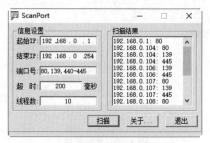

图 1-40 开始扫描

Step 03 如果扫描某台计算机中开启的端口，则需将开始IP和结束IP都设置为该主机的IP地址，如图1-41所示。

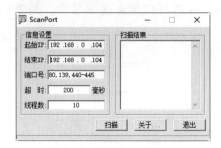

图 1-41 设置单一主机的 IP

Step 04 在设置完要扫描的端口号之后，单击"扫描"按钮，可扫描出该主机中开启的端口（设置端口范围之内），如图1-42所示。

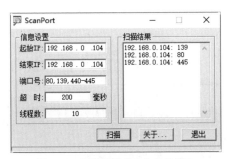

图1-42 开始扫描单个主机的端口

1.4.2 认识服务

在计算机中安装好操作系统之后，通常系统会默认启动许多服务，且每项服务都有一个具体的文件存在，一般存储在"C:\Windows\System32"文件夹中，其扩展名一般是.exe、.dll、.sys等。另外，操作系统中的服务还可以根据自己的需要开启相应的服务或关闭不必要服务。以开启WebClient服务为例，具体操作步骤如下。

Step 01 单击"■"按钮，在弹出的菜单列表中选择"Windows系统""控制面板"菜单命令，如图1-43所示。

图1-43 选择"控制面板"命令

Step 02 打开"控制面板"窗口，双击"管理工具"图标，如图1-44所示。

图1-44 "控制面板"窗口

Step 03 打开"管理工具"窗口，双击"服务"图标，如图1-45所示。

图1-45 "服务"图标

Step 04 打开"服务"窗口，找到WebClient服务项，如图1-46所示。

图1-46 "服务"窗口

Step 05 双击该服务项，弹出"WebClient的属性"对话框，单击"启动类型"右侧的下拉按钮，在弹出的下拉菜单中选择"自动"，如图1-47所示。

务状态"已经变为"正在运行"，如图1-49所示。

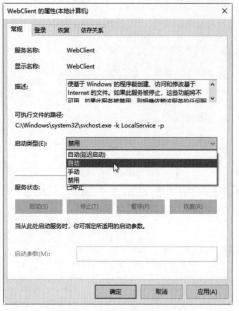

图 1-47　选择"自用"选项

Step 06 单击"应用"按钮，激活"服务状态"下的"启动"按钮，如图1-48所示。

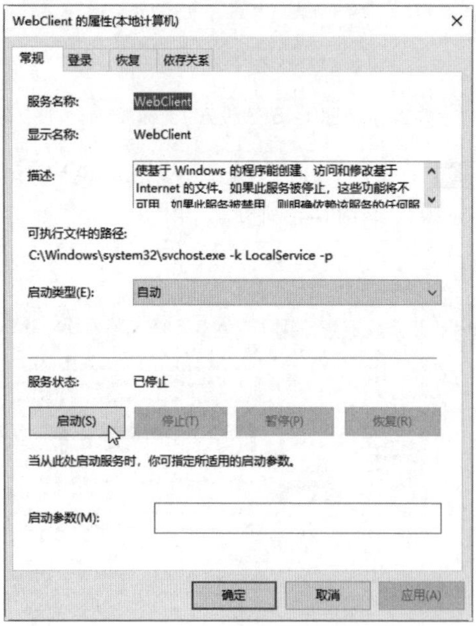

图 1-49　启动服务项

Step 08 单击"确定"按钮，返回"服务"窗口，此时即可发现WebClient服务的"状态"变为"正在运行"，这样就可以成功开启WebClient服务对应的端口，如图1-50所示。

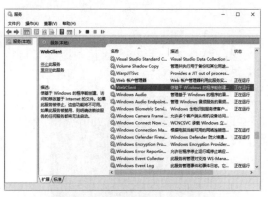

图 1-50　WebClient 服务的状态为"正在运行"

1.5　实战演练

1.5.1　实战1：关闭开机多余启动项目

在计算机启动的过程中，自动运行的程序称为开机启动项，有时一些木马程序

图 1-48　选择"启动"按钮

Step 07 单击"启动"按钮，可启动该项服务，再次单击"应用"按钮，在"WebClient的属性"对话框中可以看到该服务的"服

会在开机时就运行，用户可以通过关闭开机启动项来提高系统安全性，具体的操作步骤如下。

Step 01 按Ctrl+Alt+Del组合键，打开如图1-51所示的界面。

图1-51　"任务管理器"选项

Step 02 单击"任务管理器"选项，打开"任务管理器"窗口，如图1-52所示。

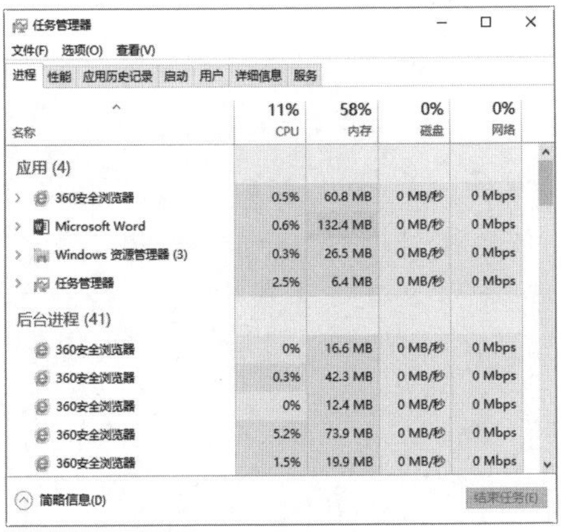

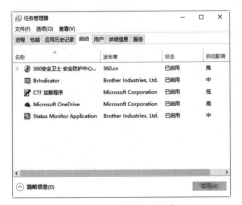

图1-52　"任务管理器"窗口

Step 03 选择"启动"选项卡，进入"启动"界面，在其中可以看到系统中的开机启动项列表，如图1-53所示。

图1-53　"启动"选项卡

Step 04 选择开机启动项列表中需要禁用的启动项，单击"禁用"按钮即可禁止该启动项开机自启动，如图1-54所示。

图1-54　禁止开机启动项

1.5.2　实战2：取消Windows开机密码

虽然使用账户登录密码，可以保护电脑的隐私安全，但是每次登录时都要输入密码，对于一部分用户来讲，太过于麻烦。用户可以根据需求，选择是否使用开机密码，如果希望Windows可以跳过输入密码直接登录，可以参照以下步骤。

Step 01 在电脑桌面中，按■+R组合键，打开"运行"对话框，在文本框中输入netplwiz，按Enter键确认，如图1-55所示。

图1-55　输入netplwiz

Step 02 弹出"用户账户"对话框，选中本机用户，并取消勾选"要使用计算机，用户必须输入用户名和密码"复选框，单击"应用"按钮，如图1-56所示。

图 1-56 "用户账户"对话框

Step 03 弹出"自动登录"对话框，在"密码"和"确认密码"文本框中输入当前账户密码，然后单击"确定"按钮即可取消开机登录密码，当再次登录时，无须输入用户名和密码，直接登录系统，如图1-57所示。

图 1-57 输入账户密码

第2章 DOS窗口与DOS系统

对于系统和网络管理者来说，繁杂的服务器管理以及网络管理是日常工作的主要内容。网络越大，其管理工作强度就越大，管理难度也随之变大。传统的可视化窗口虽然容易上手，但是对于一些后台管理操作，还需要使用DOS窗口。本章就来介绍DOS窗口与DOS系统的相关内容。

2.1 认识DOS窗口

Windows10操作系统中的DOS窗口，也被称为"命令提示符"窗口，该窗口主要以图形化界面显示，用户可以很方便地进入DOS命令窗口并对窗口中的命令行进行相应的编辑操作。

2.1.1 使用菜单进入DOS窗口

Windows10的图形化界面缩短了人与机器之间的距离，通过使用菜单可以很方便地进入DOS窗口，具体的操作步骤如下：

Step 01 单击桌面上的"■"按钮，在弹出的菜单列表中选择"Windows系统"→"命令提示符"菜单命令，如图2-1所示。

图 2-1 "命令提示符"菜单命令

Step 02 弹出"管理员:命令提示符"窗口，在其中可以执行相关DOS命令，如图2-2所示。

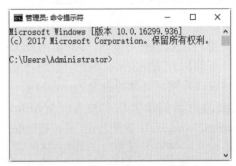

图 2-2 "管理员：命令提示符"窗口

2.1.2 使用"运行"对话框进入DOS窗口

除使用菜单的形式进入DOS窗口中，用户还可以运用"运行"对话框进入DOS窗口，具体的操作步骤如下。

Step 01 在Windows10操作系统中，右击桌上的"■"按钮，在弹出的快捷菜单中选择"运行"菜单命令。随即弹出"运行"对话框，在其中输入cmd命令，如图2-3所示。

图 2-3 "运行"对话框

Step 02 单击"确定"按钮，进入DOS窗口，如图2-4所示。

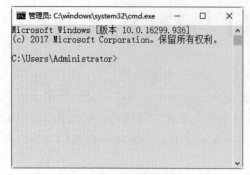

图 2-4　DOS 窗口

2.1.3　通过浏览器进入DOS窗口

浏览器和"命令提示符"窗口关系密切，用户可以直接在浏览器中访问DOS窗口。下面以在Windows10操作系统下访问DOS窗口为例，具体的方法为：在Microsoft Edge浏览器的地址栏中输入c:\Windows\system32\cmd.exe，如图2-5所示。按Enter键后即可进入DOS运行窗口，如图2-6所示。

图 2-5　Microsoft Edge 浏览器

图 2-6　DOS 窗口

注意：在输入地址时，一定要输入全路径，否则Windows无法打开命令提示符窗口。

2.1.4　编辑DOS窗口中的代码

当在Windows10中启动命令行，就会弹出相应的DOS窗口，在其中显示当前的操作系统的版本号。在使用命令行时可以对命令行进行复制、粘贴等操作，具体操作步骤如下。

Step 01 右击DOS窗口标题栏，将弹出一个快捷菜单。在这里可以对当前窗口进行各种操作，如移动、最大化、最小化、编辑等。选择此菜单中的"编辑"命令，在显示的子菜单中选择"标记"选项，如图2-7所示。

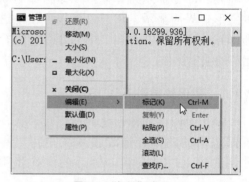

图 2-7　"标记"选项

Step 02 移动鼠标，选择要复制的内容，可以直接按Enter键复制该命令行，也可以通过选择"编辑"→"复制"选项来实现，如图2-8所示。

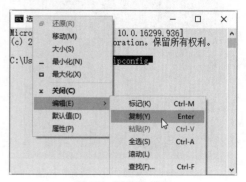

图 2-8　"复制"选项

Step 03 在需要粘贴该命令行的位置处单击鼠标右键，完成粘贴操作，或者右击"命令提示符"窗口的菜单栏，在弹出的快捷菜单中选择"编辑"→"粘贴"选项，也可完成粘贴操作，如图2-9所示。

图2-9　"粘贴"选项

💬提示：如果想再使用上一条命令，可以按F3键调用，要实现复杂的命令行编辑功能，可以借助于DOSKEY命令。

2.1.5　自定义DOS窗口的风格

DOS窗口的风格不是一成不变的，用户可以通过"属性"菜单选项对命令提示符窗口的风格进行自定义设置，如设置窗口的颜色、字体的样式等。自定义DOS窗口的风格的操作步骤如下。

Step 01 单击DOS窗口左上角的图标，在弹出菜单中选择"属性"选项，打开"命令提示符属性"对话框，如图2-10所示。

图2-10　"选项"选项卡

Step 02 选择"颜色"选项卡，在其中可以对相关选项进行颜色设置。选中"屏幕文字"单选按钮，可以设置屏幕文字的显示颜色，这里选择"黑色"，如图2-11所示。

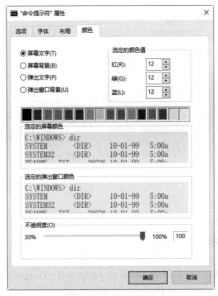

图2-11　"颜色"选项卡

Step 03 选中"屏幕背景"单选按钮，可以设置屏幕背景的显示颜色，这里选择"灰色"，如图2-12所示。

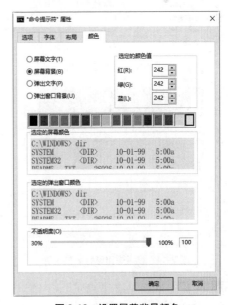

图2-12　设置屏幕背景颜色

Step 04 选中"弹出文字"单选按钮，可以设置弹出窗口文字的显示颜色，这里设置蓝色颜色值为180，如图2-13所示。

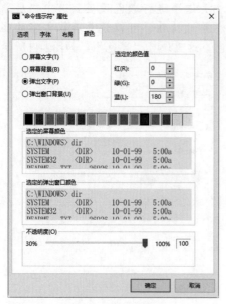

图2-13　设置文字颜色

Step 05 选中"弹出窗口的背景"单选按钮，可以设置弹出窗口的背景显示颜色，这里设置颜色值为125，如图2-14所示。

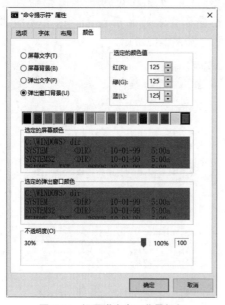

图2-14　设置弹出窗口背景颜色

Step 06 设置完毕后单击"确定"按钮，保存设置，DOS窗口的风格会相应改变，如图2-15所示。

图2-15　自定义显示风格

2.2　认识DOS系统

DOS实际上是一组控制计算机工作的程序，专门用来管理计算机中的各种软、硬件资源，同时监视和控制计算机的全部工作过程。

2.2.1　DOS系统的功能

DOS系统不仅向用户提供了一整套使用计算机系统的命令和方法，还向用户提供了一套组织和应用磁盘内信息的方法。DOS的功能主要体现在以下几个方面。

（1）执行命令和程序（处理器管理）

DOS能够执行DOS命令和运行可执行的程序。在DOS环境下（即在DOS提示符下），当用户键入合法命令和文件名后，DOS就根据文件的存储地址到内存或外存上查找用户所需的程序，并根据用户的要求使CPU开始运行之；若未找到所需文件，则出现出错信息，提醒用户。在这里，DOS正是扮演了使用者、计算机、应用程序三者之间的"中间人"。

（2）内存管理

分配内存空间，保护内存，使任何一个程序所占的内存空间不遭破坏，同硬件相配合，可以设置一个最佳的操作环境。

（3）设备管理

为用户提供使用各种输入/输出设备（如键盘、磁盘、打印机和显示器等）的操作方法。通过DOS可以方便地实现内存和外存之间的数据传送和存取。

（4）文件管理

为用户提供一种简便的存取和管理信息方法。通过DOS管理文件目录，为文件分配磁盘存储空间，新建、复制、删除、读/写和检索各类文件等。

（5）作业管理

作业是指用户提交给计算机系统的一个独立的计算任务，包括源程序、数据和相关命令。作业管理是对用户提交的诸多作业进行管理，包括作业的组织、控制和调度等。

2.2.2　文件与目录

文件是存储于外存储器的具有名字的一组相关信息的集合，在DOS下所有的程序和数据都是以文件形式存入磁盘的，目录是Windows下的文件夹。

如果想查看计算机中的文件与目录，在"命令提示符"窗口可以输入dir命令，然后按Enter键即可看到相应的文件和目录，如图2-16所示。

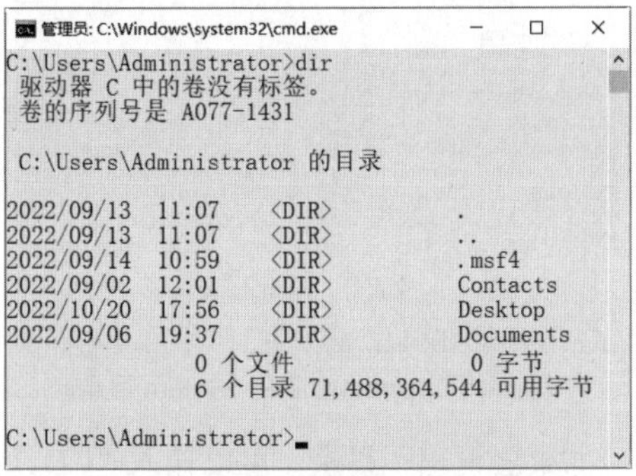

图 2-16　查看计算机文件与目录

DOS系统规定文件名由以下四个部分组成：[<盘符>][<路径>]<文件名>[<.扩展名>]。文件由文件名和文件内容组成，文件名由用户命名或系统指定，用于标识一个文件。

DOS文件名由1~8个字符组成，构成文件名的字符分为以下3类：

（1）26个英文字母：a~z 或A~Z；

（2）10个阿拉伯数字：0~9；

（3）一些专用字符：$ 、 # 、 & 、

@、! 、% 、() 、{} 、-、 —。

注意：在文件名中不能使用"<"">""\""/""["、"]"":""!""+""="等特殊符号。另外，用户可根据需要自行命名文件。

2.2.3　文件类型与属性

文件类型是根据文件用途和内容划分的不同类型，分别用不同的扩展名表示。文件扩展名由1~3个ASCII字符组成，文件扩展名有些是系统在一定条件下自动形成的，也有一些是用户自己定义的，它和文件名之间用"."分隔，最常见的文件扩展名如表2-1所示。

表2-1　常见文件类型以及文件类型扩展名

文件类型扩展名	文 件 类 型
.com	系统命令文件
.exe	可执行文件
.bat	可执行的批处理文件
.sys	系统专用文件
.bak	后备文件
.dat	数据库文件
.txt	正文文件
.htm	超文本文件
.obj	目标文件
.tmp	临时文件
.bas	BASIC源程序文件
.C	C语言源程序文件
.cpp	C++语言源程序文件
.img	图像文件

文件属性是DOS系统下的所有磁盘文件，根据其特点和性质分为系统、隐含、只读和存档4种不同的属性。这4种属性的作用如下。

（1）系统属性（S）

系统属性用于表示文件是系统文件还是非系统文件，具有系统属性的文件不能被删除、拷贝和更名，如DOS系统文件io.sys和msdos.sys。如果可执行文件被设置为具有系统属性，则不能被执行。

（2）隐含属性（H）

隐含属性用于阻止文件在列表中显示出来，具有隐含属性的文件会被隐藏起来，也不能被删除、拷贝和更名。如果可执行文件被设置为具有隐含属性后，并不影响其正常执行。使用这种属性可以对文件进行保密。

（3）只读属性（R）

只读属性用于保护文件不被修改和删除。具有只读属性的文件，其特点是能读入内存，也能被拷贝，但不能用DOS系统命令修改，也不能被删除。可执行文件被设置为具有只读属性后，并不影响其正常执行。对于一些重要的文件，可设置为具有只读属性，以防止文件被删除。

（4）存档属性（A）

存档属性用于表示文件被写入时是否关闭。如果文件具有这种属性，则表明文件写入时被关闭。各种文件生成时，DOS系统均自动将其设置为存档属性。改动了的文件，也会被自动设置为存档属性。只有具有存档属性的文件，才可以显示出目录清单，还可以执行删除、修改、更名、拷贝等操作。

2.2.4 当前目录与磁盘

在DOS中，当前目录就是提示符所显示的目录，例如现在的提示符是C:\，那么当前目录就是C盘的根目录，这个"\"（反斜扛）就表示根目录。

如果要更改当前目录，那么可以用cd命令，例如输入"cd \"，则进入C盘，再输入cd Windows，则目录为Windows目录，按Enter键后，提示符变成了C:\Windows，这就表示当前目录变成了C盘的Windows目录，如图2-17所示。

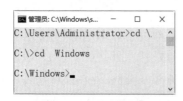

图2-17 更改当前目录

然后输入dir命令，显示的就是Windows目录里的文件，这就说明，dir命令列出的是当前目录中的内容，如图2-18所示。

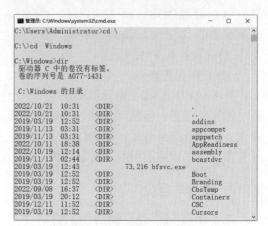

图2-18 显示 Windows 目录的文件

DOS中目录采用的是树形结构，例如C:\Windows\System语句中，"C："表示最上面的一层目录，Windows表示C目录的子目录，System表示Windows目录下的子目录，如图2-19所示。

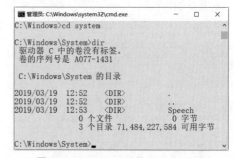

图2-19 Windows 下的 System 目录

如果要退出子目录，可以输入"CD.."，然后按Enter键即可，在DOS中，".."表示当前目录的上一层目录，"."表示当前目录，这里的上一级目录为父目录，例如输入"CD.."，按Enter键，返回上一级目录，再次输入"CD.."，可回到C盘根目录，如图2-20所示。当然，如果不想多次输入"CD.."命令来返回C盘根目录，那么可以直接输入"CD\"命令来返回C盘根目录，其中"\"就表示根目录，如图2-21所示。

图2-20　C盘根目录

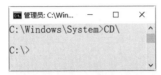

图2-21　输入"CD\"命令

如果要更换当前目录到硬盘的其他分区，则可以输入盘符然后按Enter键，比如：要到D盘，那么就需要输入"d:"命令，然后按Enter键，现在提示符就变成了D:\>，如图2-22所示，然后输入dir命令，就可以看到D盘的文件的列表，如图2-23所示。

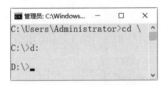

图2-22　更改到D盘目录

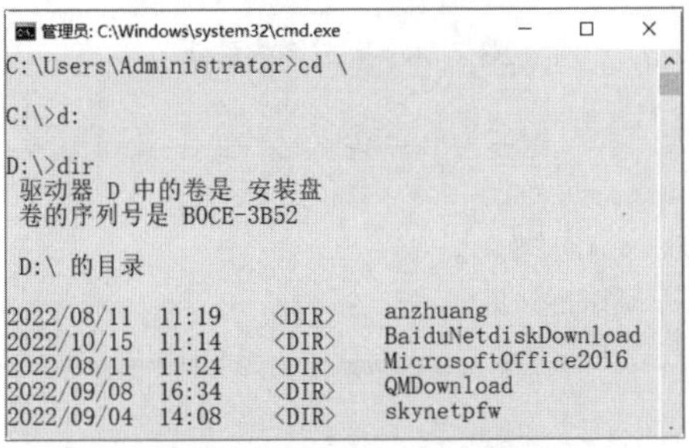

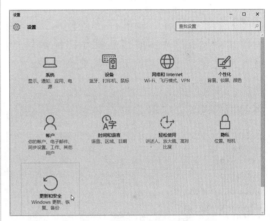

图2-23　D盘中的文件列表

2.3　实战演练

2.3.1　实战1：使用Windows更新修补漏洞

"Windows更新"是系统自带的用于检测系统更新的工具，使用"Windows更新"可以下载并安装系统更新，以Windows10系统为例，具体的操作步骤如下。

Step 01 单击"⊞"按钮，在打开的菜单中选择"设置"选项，如图2-24所示。

图2-24　"设置"选项

Step 02 打开"设置"窗口，可以看到有关系统设置的相关功能，如图2-25所示。

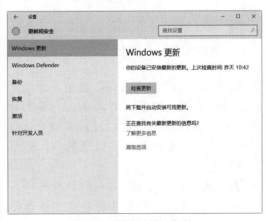

图2-25　"设置"窗口

Step 03 单击"更新和安全"图标，打开"更新和安全"窗口，在其中选择"Windows更新"选项，如图2-26所示。

图2-26　"更新和安全"窗口

Step 04 单击"检查更新"按钮，开始检查是否存在有更新文件，如图2-27所示。

图 2-27　查询更新文件

Step 05 检查完毕后，如果存在更新文件，则会弹出如图2-28所示的信息提示，提示用户有可用更新，并自动开始下载更新文件。

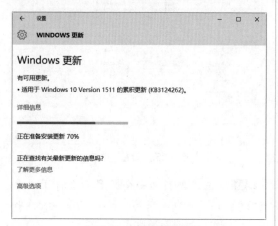

图 2-28　下载更新文件

Step 06 下载完成后，系统会自动安装更新文件，安装完毕后，会弹出如图2-29所示的信息提示框。

Step 07 单击"立即重新启动"按钮，立即重新启动计算机，重新启动完毕后，再次打开"Windows更新"窗口，可以看到"你的设备已安装最新的更新"信息提示，如图2-30所示。

Step 08 单击"高级选项"超链接，打开"高级选项"设置工作界面，在其中可以选择安装更新的方式，如图2-31所示。

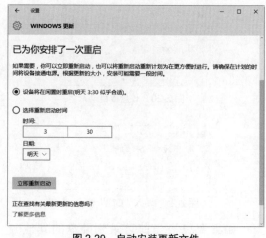

图 2-29　自动安装更新文件

图 2-30　完成系统更新

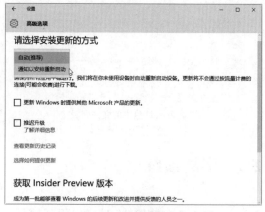

图 2-31　选择更新方式

2.3.2　实战2：修补系统漏洞后手动重启

一般情况下，在Windows10每次自动下载并安装好补丁后，就会每隔10分钟弹出窗口要求重新启动。如果不小心单击了"立即重新启动"按钮，则有可能会影响当前计算机操作的资料。那么如何才能不让Windows10安装完补丁后自动弹出"重新启动"的信息提示框呢？具体的操作步骤如下。

Step 01 单击"■"按钮，在弹出的快捷菜单中选择"所有程序"→"附件"→"运行"菜单命令，弹出"运行"对话框，在"打开"文本框中输入"gpedit.msc"，如图2-32所示。

图2-32 "运行"对话框

Step 02 单击"确定"按钮，打开"本地组策略编辑器"窗口，如图2-33所示。

图2-33 "本地组策略编辑器"窗口

Step 03 在窗口的左侧依次单击"计算机配置"→"管理模板"→"Windows 组件"选项，如图2-34所示。

Step 04 展开"Windows 组件"选项，在其子菜单中选择"Windows 更新"选项。此

时，在右侧的窗格中将显示Windows更新的所有设置，如图2-35所示。

图2-34 "Windows 组件"选项

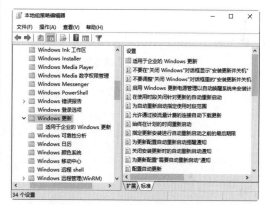

图2-35 "Windows 更新"选项

Step 05 在右侧的窗格中选中"对于有已登录用户的计算机，计划的自动更新安装不执行重新启动"选项并右击，在弹出的快捷菜单中选择"编辑"菜单项，如图2-36所示。

图2-36 "编辑"选项

Step 06 打开"对于有已登录用户的计算机，计划的自动更新安装不执行重新启动"对话框，在其中选中"已启用"单选按钮，如图2-37所示。

图 2-37 "已启用"单选按钮

Step 07 单击"确定"按钮，返回"组策略编辑器"窗口，此时用户可看到"对于有已登录用户的计算机，计划的自动更新安装不执行重新启动"选择的状态是"已启用"。这样，在自动更新完补丁后，将不会再弹出重新启动计算机的信息提示框，如图2-38所示。

图 2-38 "已启用"状态

第3章　常见DOS命令的应用

作为计算机或网络终端设备的用户，要想使自己的设备不受或少受网络的攻击，有必要了解一些计算机中的基础知识，本章就来认识Windows系统中常见的DOS命令与批处理的应用。

3.1　常见DOS命令

熟练掌握一些DOS命令的应用是一名黑客的基本功，通过这些DOS命令可以帮助计算机用户追踪黑客的踪迹。

3.1.1　ipconfig命令

在互联网中，一台主机只有一个IP地址，因此，黑客要想攻击某台主机，必须找到这台主机的IP地址，然后才能进行入侵攻击。可以说，IP地址是黑客实施入侵攻击的一个关键。使用ipconfig命令可以获取本地计算机的IP地址，具体的操作步骤如下。

Step 01 单击"▦"按钮，在弹出的快捷菜单中执行"运行"命令，如图3-1所示。

图 3-1　"运行"菜单

Step 02 打开"运行"对话框，在"打开"后面的文本框中输入cmd命令，如图3-2所示。

图 3-2　输入 cmd 命令

Step 03 单击"确定"按钮，打开"命令提示符"窗口，在其中输入ipconfig，按Enter键即可显示出本机的IP配置相关信息，如图3-3所示。

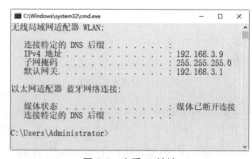

图 3-3　查看 IP 地址

🔊**提示：** 在"命令提示符"窗口中，192.168.3.9表示本机在局域网中的IP地址。

如果在"命令提示符"窗口中输入ipconfig /all命令，按Enter键，可以在显示的结果中看到一个物理地址：00-23-24-DA-43-8B，这就是本机的物理地址，也是本机的网卡地址，它是唯一的，如图3-4所示。

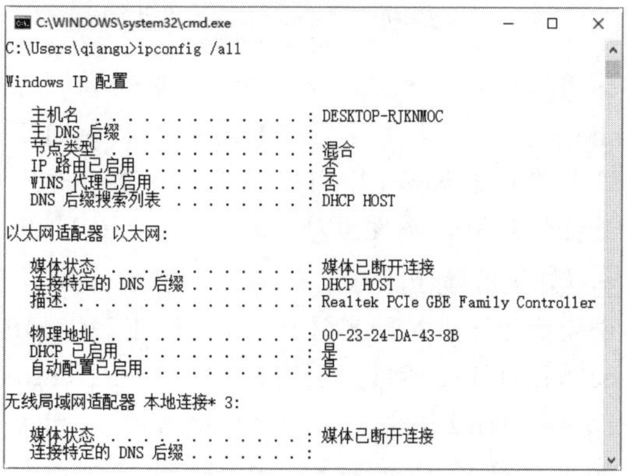

图 3-4　查看物理地址

3.1.2 TaskList命令

利用Tasklist命令可以查看本机中的进程，还可查看每个进程提供的服务。下面将介绍使用Tasklist命令的具体操作步骤。

Step 01 在“命令提示符”中输入Tasklist命令，按Enter键即可显示本机的所有进程，如图3-5所示。在显示结果中可以看到映像名称、PID、会话名、会话#和内存使用5部分。

```
C:\Users\Administrator>Tasklist

映像名称                       PID 会话名              会话#       内存使用
========================= ======== ================ =========== ============
System Idle Process              0 Services                   0          8 K
System                           4 Services                   0         20 K
Registry                        96 Services                   0     33,272 K
smss.exe                       368 Services                   0        436 K
csrss.exe                      564 Services                   0      1,348 K
wininit.exe                    652 Services                   0      2,672 K
services.exe                   724 Services                   0      5,568 K
lsass.exe                      744 Services                   0     10,492 K
svchost.exe                    852 Services                   0      1,224 K
fontdrvhost.exe                872 Services                   0         64 K
svchost.exe                    904 Services                   0     30,584 K
svchost.exe                   1012 Services                   0     10,848 K
svchost.exe                    500 Services                   0      5,424 K
svchost.exe                   1040 Services                   0      4,972 K
```

图 3-5　查看本机进程

Step 02 Tasklist命令不但可以查看系统进程，而且可以查看每个进程提供的服务。例如，要查看本机进程svchost.exe提供的服务，在命令提示符下输入“Tasklist /svc”命令即可，如图3-6所示。

```
C:\Users\Administrator>Tasklist /svc

映像名称                       PID 服务
========================= ======== ============================================
System Idle Process              0 暂缺
System                           4 暂缺
Registry                        96 暂缺
smss.exe                       368 暂缺
csrss.exe                      564 暂缺
wininit.exe                    652 暂缺
services.exe                   724 暂缺
lsass.exe                      744 KeyIso, SamSs, VaultSvc
svchost.exe                    852 PlugPlay
fontdrvhost.exe                872 暂缺
svchost.exe                    904 BrokerInfrastructure, DcomLaunch, Power,
                                   SystemEventsBroker
svchost.exe                   1012 RpcEptMapper, RpcSs
svchost.exe                    500 LSM
```

图 3-6　查看本机进程 svchost.exe 提供的服务

Step 03 要查看本地系统中哪些进程调用了shell32.dll模块文件，只需在命令提示符下输入“Tasklist /m shell32.dll”即可显示这些进程的列表，如图3-7所示。

Step 04 使用筛选器可以查找指定的进程，在命令提示符下输入TASKLIST /FI "USERNAME ne NT AUTHORITY\SYSTEM" /FI "STATUS eq running命令，按Enter键即可列出系统中正在运行的非System状态的所有进程，如图3-8所示。其中“/FI”为筛选器参数，ne和eq为关系运算符“不相等”和“相等”。

```
C:\Users\Administrator>Tasklist /m shell32.dll

映像名称                       PID 模块
========================= ======== ============================================
=========================

igfxEM.exe                    7132 SHELL32.dll
explorer.exe                  1060 SHELL32.dll
svchost.exe                   6524 SHELL32.dll
RuntimeBroker.exe             6840 SHELL32.dll
SearchUI.exe                  4788 shell32.dll
RuntimeBroker.exe             9208 shell32.dll
RuntimeBroker.exe            11604 SHELL32.dll
ApplicationFrameHost.exe      7116 SHELL32.dll
MicrosoftEdge.exe            11644 shell32.dll
MicrosoftEdgeCP.exe          10732 shell32.dll
conhost.exe                  11432 shell32.dll
TsHelper64.exe                7576 SHELL32.dll

C:\Users\Administrator>
```

图 3-7　显示调用 shell32.dll 模块的进行

```
C:\Users\Administrator>TASKLIST /FI "USERNAME ne NT AUTHORITY\SYSTEM" /FI "STATUS
 eq running

映像名称                       PID 会话名              会话#       内存使用
========================= ======== ================ =========== ============
csrss.exe                    11516 Console                   13      5,528 K
dwm.exe                       8600 Console                   13     60,172 K
sihost.exe                   11036 Console                   13     20,564 K
svchost.exe                   7928 Console                   13     20,968 K
taskhostw.exe                 7104 Console                   13     16,776 K
igfxEM.exe                    7132 Console                   13     10,240 K
explorer.exe                  1060 Console                   13    111,320 K
svchost.exe                   6524 Console                   13     21,188 K
StartMenuExperienceHost.e     7596 Console                   13     50,472 K
ctfmon.exe                    2452 Console                   13     22,524 K
SearchUI.exe                  4788 Console                   13     72,104 K
ChsIME.exe                    3196 Console                   13     27,164 K
RuntimeBroker.exe             9208 Console                   13     19,312 K
WindowsInternal.Composabl     6768 Console                   13     37,236 K
QQBrowser.exe                 6288 Console                   13     16,500 K
QQPCTray.exe                  2080 Console                   13     83,424 K
```

图 3-8　列出系统中正在运行的非 System 态的所有进程

3.1.3 Copy命令

Copy命令的主要作用是复制一个或多个文件到指定的位置，该命令可以被用于合并文件。使用Copy命令复制文件的操作步骤如下。

Step 01 同一磁盘上相同扩展名文件的复制，在“命令提示符”窗口中输入命令copy 123.doc 456.doc/a，按Enter键后，显示“覆盖456.doc吗？<Yes/No/All>:”信息，这里输入“y”，即可显示已复制信息，如图3-9所示。

```
C:\Users\Administrator>cd\

C:\>copy   123.doc   456.doc/a
覆盖 456.doc 吗? (Yes/No/All): y
已复制         1 个文件。

C:\>_
```

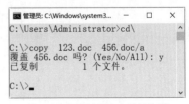

图 3-9　相同扩展名文件的复制

Step 02 从当前驱动器的当前目录复制文件，

例如复制C盘下的"bird.jpg"文件到C盘birds文件夹下，输入命令"copy bird01.jpg c:\birds"，运行结果如图3-10所示。

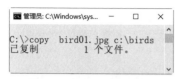

图3-10 复制文件到文件夹

Step 03 Copy命令先将所有扩展名为.txt的文件合并到名为gushi.doc文件，然后再将所有扩展名为.xls的文件合并到gushi.doc文件，最后再将所有扩展名为.ppt的文件合并到名为gushi.doc文件中，输入命令"copy *.txt+*.xls+*.ppt gushi.doc"，运行结果如图3-11所示。

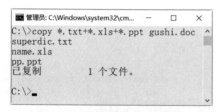

图3-11 不同类型文件合并复制

Step 04 Copy命令把键盘上的输入复制到shuru.txt文件，输入命令"copy con shuru.txt"，按"CTRL+Z"组合键，屏幕上显示"Z"，表示结束输入复制操作，也可以按F6键，结束输入复制操作，运行结果如图3-12所示。

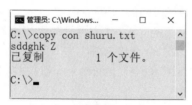

图3-12 键盘输入内容复制

3.1.4 Del命令

Del即Delete（删除）的缩写，该命令的作用是删除文件，因此使用Del命令可以在"命令提示符"窗口中删除文件夹或文件，使用Del命令删除文件的具体操作步骤如下。

Step 01 如果想删除当前目录下的123.doc文件，可在"命令提示符"窗口中输入"del 123.doc"命令，按Enter键即可就删除该文件，如图3-13所示。

图3-13 删除当前目录下的文件

Step 02 要删除一类文件，可以使用通配符。例如，"del *.jpg"命令就是把所有扩展名是jpg的文件都删除，如图3-14所示。

图3-14 删除同类型文件

Step 03 如果要删除当前目录中的所有文件，可在"命令提示符"窗口中输入"del *.*"命令，按Enter键即可看到是否删除文件的提示信息，如图3-15所示。

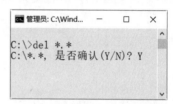

图3-15 输入删除所有文件命令

Step 04 如果不想删除文件，则输入N，如果确定要删除，则输入Y即可成功删除当前目录下的文件，如图3-16所示。

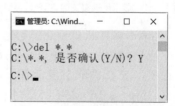

图3-16 删除当前目录下的文件

Step 05 Del命令还可以删除非当前目录中的文件，输入"del d:\name.xls"命令，按

Enter键即可把D盘上name.xls文件删除，如图3-17所示。

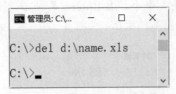

图 3-17　删除非当前目录中的文件

🖙注意："del *.*"或"del."命令一般用于在删除子目录之前，先删除目录中的所有文件。但在删除文件之前，最好先确定该文件是否有用，以避免造成不必要的损失。

3.1.5　Arp命令

Arp命令是黑客和网络管理员都常用的命令，通过该命令可以进行IP地址和MAC地址欺骗，还可以使用该命令来修改ARP缓存表。具体操作步骤如下。

Step 01 想要显示所有接口的ARP缓存表，则在"命令提示符"窗口中输入"arp -a"命令，按Enter键后，其运行结果如图3-18所示。

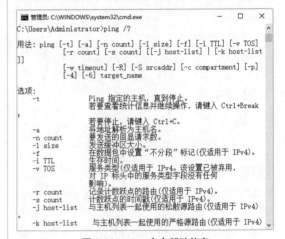

图 3-18　显示所有接口的 ARP 缓存表

Step 02 想要添加将IP地址169.254.85.214解析成物理地址00-AA-00-4F-2A-9C的静态ARP缓存项，可在"命令提示符"窗口中输入命令"arp –s 169.254.85.214 00-AA-00-4F-2A-9C"，按Enter键既可，如图3-19所示。

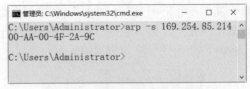

图 3-19　解析 IP 地址为物理地址

3.1.6　ping命令

ping命令是协议TCP/IP中最为常用的命令之一，主要用来检查网络是否通畅或者网络连接的速度。对于一名计算机用户来说，ping命令是第一个必要掌握的网络命令。在"命令提示符"窗口中输入ping /?，可以得到这条命令的帮助信息，如图3-20所示。

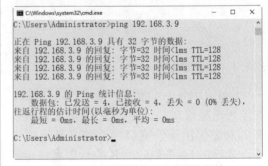

图 3-20　ping 命令帮助信息

使用ping命令对计算机的连接状态进行测试的具体操作步骤如下。

Step 01 使用ping命令来判断计算机的操作系统类型。在"命令提示符"窗口中输入"ping 192.168.3.9"命令，运行结果如图3-21所示。

图 3-21　判断计算机的操作系统类型

Step 02 在"命令提示符"窗口中输入"ping 192.168.3.9 –t –l 128"命令,可以不断向某台主机发出大量的数据包,如图3-22所示。

图 3-22 发出大量数据包

Step 03 判断某台计算机是否与外界网络连通,可在"命令提示符"窗口中输入"ping www.baidu.com"命令,其运行结果如图3-23所示,图中说明该计算机与外界网络连通。

图 3-23 网络连通信息

Step 04 解析某IP地址的计算机名。在"命令提示符"窗口中输入"ping -a 192.168.3.9"命令,其运行结果如图3-24所示,可知这台主机的名称为SD-20220314SOIE。

图 3-24 解析某 IP 地址的计算机名

3.1.7 net命令

使用net命令可以查询网络状态、共享资源及计算机所开启的服务等,使用net命令查询某台计算机开启哪些Windows服务的具体操作步骤如下。

Step 01 使用net命令查看网络状态。打开"命令提示符"窗口,输入net start命令,如图3-25所示。

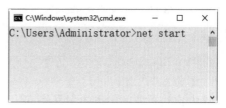

图 3-25 输入 net start 命令

Step 02 按Enter键,在打开的"命令提示符"窗口中可以显示计算机所启动的Windows服务,如图3-26所示。

图 3-26 计算机所启动的 Windows 服务

3.1.8 netstat命令

netstat命令主要用来显示网络连接的信息,包括显示活动的TCP连接、路由器和网络接口信息,是一个非常有用的TCP/IP网络监控工具,可以让用户知晓系统中目前都有哪些网络连接正常。在"命令提示符"窗口中输入netstat/?,可以得到这条命令的帮助信息,如图3-27所示。

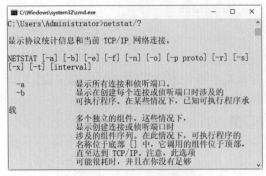

```
C:\Windows\system32\cmd.exe                    —  □  ×
C:\Users\Administrator>netstat/?

显示协议统计信息和当前 TCP/IP 网络连接。

NETSTAT [-a] [-b] [-e] [-f] [-n] [-o] [-p proto] [-r] [-s]
[-x] [-t] [interval]

 -a            显示所有连接和侦听端口。
 -b            显示在创建每个连接或侦听端口时涉及的
               可执行程序。在某些情况下，已知可执行程序承
载
               多个独立的组件，这些情况下，
               显示创建连接或侦听端口时
               涉及的组件序列。在此情况下，可执行程序的
               名称位于底部 [] 中，它调用的组件位于顶部，
               直至达到 TCP/IP。注意，此选项
               可能很耗时，并且在你没有足够
```

图 3-27　netstat 命令帮助信息

该命令的语法格式信息如下：

```
NETSTAT [-a] [-b] [-e] [-n] [-o] [-p
proto] [-r] [-s] [-v] [interval]
```

其中比较重要的参数的含义如下。

（1）-a：显示所有连接和监听端口；

（2）-n：以数字形式显示地址和端口号。

使用netstat命令查看网络连接的具体操作步骤如下。

Step 01 打开"命令提示符"窗口，在其中输入netstat -n或netstat命令，按Enter键即可查看服务器活动的TCP/IP连接，如图3-28所示。

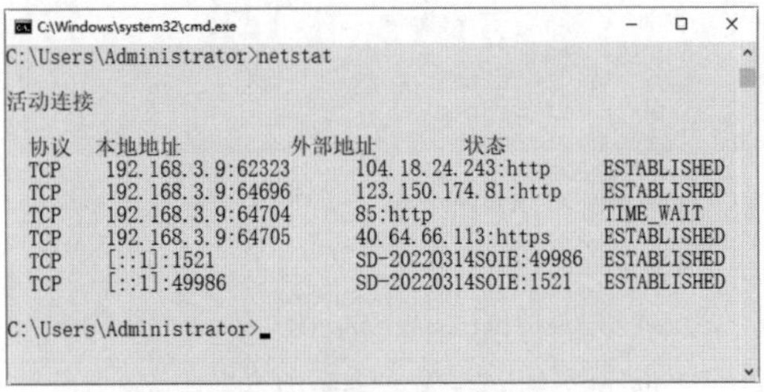

```
C:\Windows\system32\cmd.exe                    —  □  ×
C:\Users\Administrator>netstat

活动连接

 协议  本地地址          外部地址            状态
 TCP   192.168.3.9:62323  104.18.24.243:http  ESTABLISHED
 TCP   192.168.3.9:64696  123.150.174.81:http TIME_WAIT
 TCP   192.168.3.9:64704  85:http             TIME_WAIT
 TCP   192.168.3.9:64705  40.64.66.113:https  ESTABLISHED
 TCP   [::1]:1521         SD-20220314SOIE:49986 ESTABLISHED
 TCP   [::1]:49986        SD-20220314SOIE:1521 ESTABLISHED

C:\Users\Administrator>_
```

图 3-28　服务器活动的 TCP/IP 连接

Step 02 在"命令提示符"窗口中输入netstat -r命令，按Enter键即可查看本机的路由信息，如图3-29所示。

Step 03 在"命令提示符"窗口中输入netstat -a命令，按Enter键即可查看本机所有活动的TCP连接，如图3-30所示。

Step 04 在"命令提示符"窗口中输入netstat -n -a命令，按Enter键即可显示本机所有连接的端口及其状态，如图3-31所示。

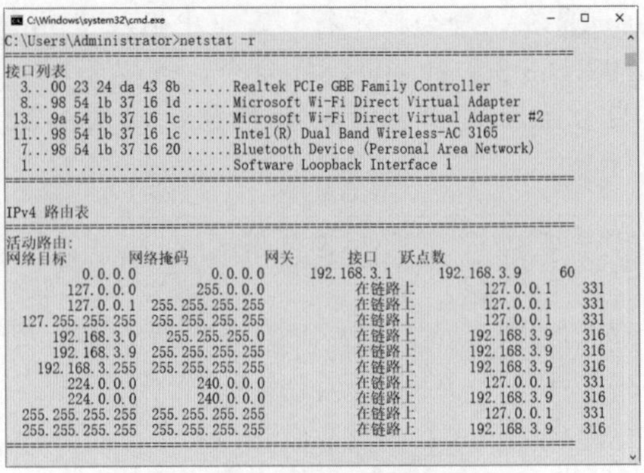

```
C:\Windows\system32\cmd.exe                    —  □  ×
C:\Users\Administrator>netstat -r

接口列表
 3...00 23 24 da 43 8b ......Realtek PCIe GBE Family Controller
 8...98 54 1b 37 16 1c ......Microsoft Wi-Fi Direct Virtual Adapter
 13...9a 54 1b 37 16 1c .....Microsoft Wi-Fi Direct Virtual Adapter #2
 11...98 54 1b 37 16 1c .....Intel(R) Dual Band Wireless-AC 3165
 7...98 54 1b 37 16 20 ......Bluetooth Device (Personal Area Network)
 1...........................Software Loopback Interface 1

IPv4 路由表

活动路由:
网络目标        网络掩码          网关          接口         跃点数
       0.0.0.0          0.0.0.0    192.168.3.1    192.168.3.9     60
     127.0.0.0        255.0.0.0       在链路上      127.0.0.1    331
     127.0.0.1  255.255.255.255       在链路上      127.0.0.1    331
127.255.255.255  255.255.255.255     在链路上      127.0.0.1    331
   192.168.3.0  255.255.255.0        在链路上    192.168.3.9    316
   192.168.3.9  255.255.255.255      在链路上    192.168.3.9    316
 192.168.3.255  255.255.255.255      在链路上    192.168.3.9    316
     224.0.0.0        240.0.0.0       在链路上      127.0.0.1    331
     224.0.0.0        240.0.0.0       在链路上    192.168.3.9    316
255.255.255.255  255.255.255.255     在链路上      127.0.0.1    331
255.255.255.255  255.255.255.255     在链路上    192.168.3.9    316
```

图 3-29　查看本机路由信息

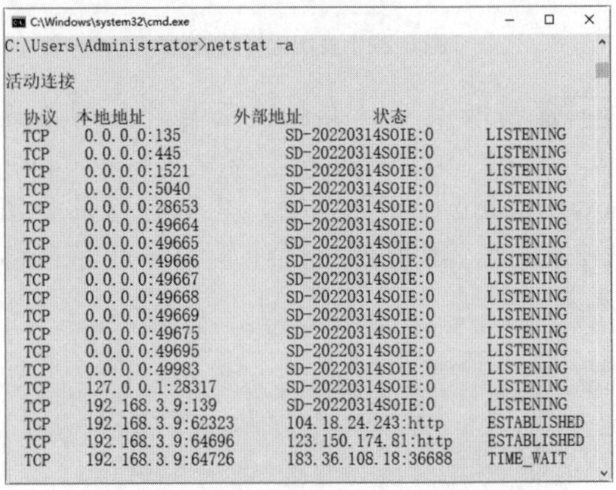

```
C:\Windows\system32\cmd.exe                    —  □  ×
C:\Users\Administrator>netstat -a

活动连接

 协议  本地地址          外部地址            状态
 TCP   0.0.0.0:135        SD-20220314SOIE:0   LISTENING
 TCP   0.0.0.0:445        SD-20220314SOIE:0   LISTENING
 TCP   0.0.0.0:1521       SD-20220314SOIE:0   LISTENING
 TCP   0.0.0.0:5040       SD-20220314SOIE:0   LISTENING
 TCP   0.0.0.0:28653      SD-20220314SOIE:0   LISTENING
 TCP   0.0.0.0:49664      SD-20220314SOIE:0   LISTENING
 TCP   0.0.0.0:49665      SD-20220314SOIE:0   LISTENING
 TCP   0.0.0.0:49666      SD-20220314SOIE:0   LISTENING
 TCP   0.0.0.0:49667      SD-20220314SOIE:0   LISTENING
 TCP   0.0.0.0:49668      SD-20220314SOIE:0   LISTENING
 TCP   0.0.0.0:49669      SD-20220314SOIE:0   LISTENING
 TCP   0.0.0.0:49675      SD-20220314SOIE:0   LISTENING
 TCP   0.0.0.0:49695      SD-20220314SOIE:0   LISTENING
 TCP   0.0.0.0:49983      SD-20220314SOIE:0   LISTENING
 TCP   127.0.0.1:28317    SD-20220314SOIE:0   LISTENING
 TCP   192.168.3.9:139    SD-20220314SOIE:0   LISTENING
 TCP   192.168.3.9:62323  104.18.24.243:http  ESTABLISHED
 TCP   192.168.3.9:64696  123.150.174.81:http ESTABLISHED
 TCP   192.168.3.9:64726  183.36.108.18:36688 TIME_WAIT
```

图 3-30　查看本机活动的 TCP 连接

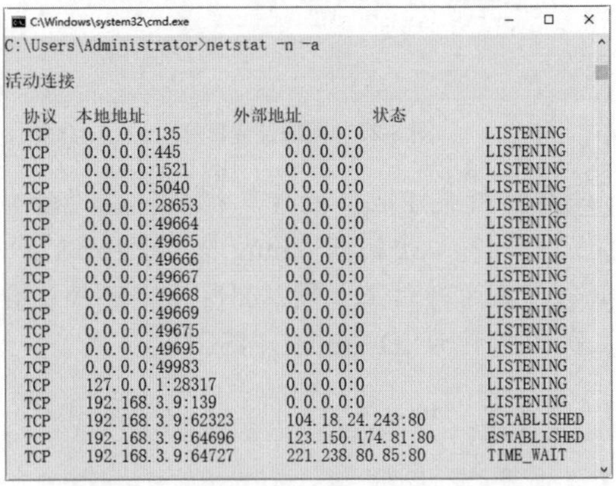

```
C:\Windows\system32\cmd.exe                    —  □  ×
C:\Users\Administrator>netstat -n -a

活动连接

 协议  本地地址          外部地址            状态
 TCP   0.0.0.0:135        0.0.0.0:0           LISTENING
 TCP   0.0.0.0:445        0.0.0.0:0           LISTENING
 TCP   0.0.0.0:1521       0.0.0.0:0           LISTENING
 TCP   0.0.0.0:5040       0.0.0.0:0           LISTENING
 TCP   0.0.0.0:28653      0.0.0.0:0           LISTENING
 TCP   0.0.0.0:49664      0.0.0.0:0           LISTENING
 TCP   0.0.0.0:49665      0.0.0.0:0           LISTENING
 TCP   0.0.0.0:49666      0.0.0.0:0           LISTENING
 TCP   0.0.0.0:49667      0.0.0.0:0           LISTENING
 TCP   0.0.0.0:49668      0.0.0.0:0           LISTENING
 TCP   0.0.0.0:49669      0.0.0.0:0           LISTENING
 TCP   0.0.0.0:49675      0.0.0.0:0           LISTENING
 TCP   0.0.0.0:49695      0.0.0.0:0           LISTENING
 TCP   0.0.0.0:49983      0.0.0.0:0           LISTENING
 TCP   127.0.0.1:28317    0.0.0.0:0           LISTENING
 TCP   192.168.3.9:139    0.0.0.0:0           LISTENING
 TCP   192.168.3.9:62323  104.18.24.243:80    ESTABLISHED
 TCP   192.168.3.9:64696  123.150.174.81:80   ESTABLISHED
 TCP   192.168.3.9:64727  221.238.80.85:80    TIME_WAIT
```

图 3-31　查看本机连接的端口及其状态

3.1.9　tracert命令

使用tracert命令可以查看网络中路由节点信息，最常见的使用方法是在tracert命令后追加一个参数，表示检测和查看连接当前主机经历了哪些路由节点，适合用于

大型网络的测试，该命令的语法格式信息如下。

```
tracert [-d] [-h MaximumHops] [-j
Hostlist] [-w Timeout] [TargetName]
```

其中各个参数的含义如下。

（1）-d：防止解析目标主机的名字，可以加速显示tracert命令结果。

（2）-h MaximumHops：指定搜索到目标地址的最大跳跃数，默认为30个跳跃点。

（3）-j Hostlist：按照主机列表中的地址释放源路由。

（4）-w Timeout：指定超时时间间隔，默认单位为毫秒。

（5）TargetName：指定目标计算机。

例如，如果想查看www.baidu.com的路由与局域网络连接情况，可在"命令提示符"窗口中输入tracert www.baidu.com命令，按Enter键，其显示结果如图3-32所示。

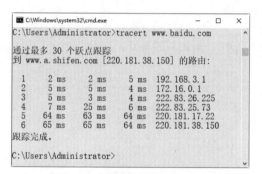

图 3-32　查看网络中路由节点信息

3.1.10　route命令

route命令主要的作用是手动配置路由表，在本地IP路由表中显示和修改条目，它是网络管理工作中应用较多的工具，使用不带参数的route可以显示其帮助信息，如图3-33所示。

使用route命令显示路由表中当前项目的方法比较简单，在"命令提示符"窗口中输入Route print，按Enter键即可显示当前路由表信息，如图3-34所示。

图 3-33　显示其帮助信息

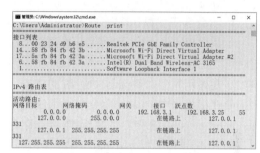

图 3-34　显示路由表中的当前项目

若想要显示IP路由表中以192开始的路由，可在命令提示符下输入"Route print 192.*"，按Enter键，运行结果显示如图3-35所示。

图 3-35　显示 IP 路由表中以 192 开始的路由信息

3.2　批处理的应用

批处理是一种简化的脚本语言，应用于DOS和Windows系统中，可以对某对象进行批量处理，批处理文件扩展名为.bat。

3.2.1　Echo命令

使用Echo命令可以打开/关闭请求回显功能，查看Echo状态的方法比较简单，在"命令提示符"窗口中输入echo命令，按Enter键即可，如图3-36所示。

图 3-36　查看状态

在批处理文件运行时，屏幕上没有显示文件中的命令，主要是因为用了Echo命令，在批处理文件的首行加上Echo off命令，即@ echo off，这样就可以禁止批处理程序中的命令正文显示到屏幕上。

如果只想让某一行的命令显示在屏幕上，这时可以在这一行命令的前面加上Echo命令。例如，要显示暂停命令pause执行时的状态，则需要在批处理中的pause命令前加上Echo，即：echo pause，这样，当执行到pause命令时，就会在屏幕上显示出pause命令状态。如果需要显示hello world文字信息，则使用"echo hello world"语句，如图3-37所示。

图 3-37　查看回显内容

3.2.2　清除系统垃圾

使用批处理文件可以快速地清除计算机中的垃圾文件，下面将介绍使用批处理文件清除系统垃圾文件的具体步骤。

Step 01 打开记事本文件，在其中输入可以清除系统垃圾的代码，输入的代码如下：

```
@echo off
echo 正在清除系统垃圾文件，请稍等......
del/f/s/q%systemdrive%\*.tmp
del/f/s/q%systemdrive%\*._mp
del/f/s/q%systemdrive%\*.log
del/f/s/q%systemdrive%\*.gid
del/f/s/q%systemdrive%\*.chk
del/f/s/q%systemdrive%\*.old
del/f/s/q%systemdrive%\recycled\*.*
del/f/s/q%windir%\*.bak
del/f/s/q%windir%\prefetch\*.*
rd/s/q%windir%\temp & md %windir%\temp
```

```
del/f/q%userprofile%\cookies\*.*
del/f/q%userprofile%\recent\*.*
del/f/s/q"%userprofile%\Local Settings\
Temporary Internet Files\*.*"
del/f/s/q"%userprofile%\Local Settings\
Temp\*.*"
del/f/s/q"%userprofile%\recent\*.*"
echo清除系统垃圾完成！
echo.&pause
```

将上面的代码保存为del.bat，如图3-38所示。

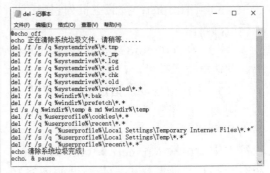

图 3-38　编辑代码

Step 02 在"命令提示符"窗口中输入"del.bat"命令，按Enter键，就可以快速清理系统垃圾，如图3-39所示。

图 3-39　自动清理垃圾

3.3　实战演练

3.3.1　实战1：使用命令清除系统垃圾

使用批处理文件可以快速地清除计算机中的垃圾文件，下面将介绍使用批处理文件清除系统垃圾文件的具体步骤。

Step 01 打开记事本文件，在其中输入可以清除系统垃圾的代码，输入的代码如下：

```
@echo off
echo 正在清除系统垃圾文件，请稍等......
del/f/s/q%systemdrive%\*.tmp
del/f/s/q%systemdrive%\*._mp
del/f/s/q%systemdrive%\*.log
del/f/s/q%systemdrive%\*.gid
del/f/s/q%systemdrive%\*.chk
del/f/s/q%systemdrive%\*.old
del/f/s/q%systemdrive%\recycled\*.*
del/f/s/q%windir%\*.bak
del/f/s/q%windir%\prefetch\*.*
rd/s/q%windir%\temp & md %windir%\
temp
del/f/q%userprofile%\cookies\*.*
del/f/q%userprofile%\recent\*.*
del/f/s/q"%userprofile%\Local Settings\
Temporary Internet Files\*.*"
del/f/s/q"%userprofile%\Local Settings\
Temp\*.*"
del/f/s/q"%userprofile%\recent\*.*"
echo清除系统垃圾完成!
echo.&pause
```

将上面的代码保存为del.bat，如图3-40所示。

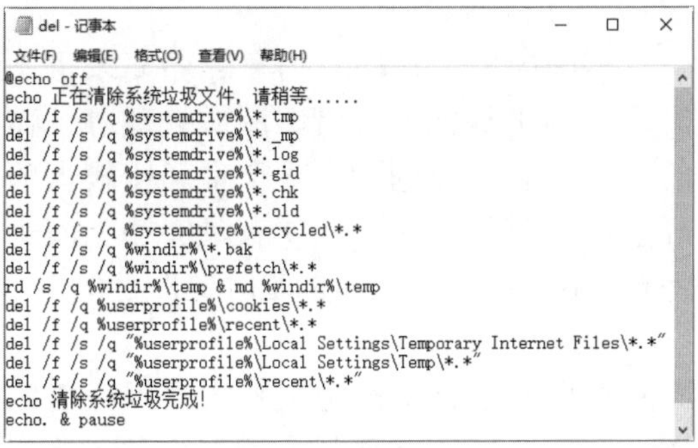

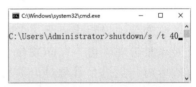

图 3-40　编辑代码

Step 02 在"命令提示符"窗口中输入"del. bat"命令，按Enter键，就可以快速清理系统垃圾，如图3-41所示。

图 3-41　自动清理垃圾

3.3.2　实战2：使用命令实现定时关机

使用shutdown命令可以实现定时关机的功能，具体操作步骤如下。

Step 01 在"命令提示符"窗口中输入shutdown/ s/t 40命令，如图3-42所示。

图 3-42　输入 shutdown/s /t 40 命令

Step 02 弹出一个即将注销用户登录的信息提示框，这样计算机就会在规定的时间内关机，如图3-43所示。

图 3-43　信息提示框

Step 03 如果此时想取消关机操作，可在命令行中输入命令shutdown /a后按Enter键，桌面右下角出现如图3-44所示的弹窗，表示取消成功。

图 3-44　取消关机操作

第4章　磁盘分区与数据安全

　　电脑系统中的大部分数据都存储在磁盘中，而磁盘又是一个极易出现问题的部件。为了能够有效地保护电脑的系统数据，最有效的方法就是将系统数据进行备份，这样，一旦磁盘出现故障，就能把损失降到最低。本章就来介绍磁盘分区管理与磁盘数据的安全防护。

4.1　磁盘分区管理

　　电脑中的系统文件、应用软件以及文档都是以文档的形式存放在电脑的磁盘中，所以要合理地设置磁盘分区大小，并根据需要随时管理磁盘。在DOS命令中，如何有效地对磁盘进行管理是一项比较重要的技术。

4.1.1　认识磁盘分区

　　磁盘分区就是对磁盘的物理存储进行逻辑上的划分，将大容量的磁盘分成多个大小不同的逻辑区间，如果不进行分区，在默认的情况下则只有一个分区，即C盘。在这种情况下虽然可以照常使用，但是会给管理和维护电脑带来很多不便。如图4-1所示的电脑磁盘被分成了4个分区。

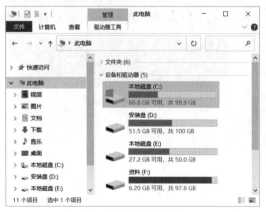

图 4-1　磁盘分区情况

　　按照磁盘容量的大小和分区个数来

说，磁盘分区有多种分区方案，可以把磁盘作为一个分区来使用，也可以把磁盘分成两个区、三个区来使用，每个分区的容量大小可以相同也可以不相同，不过磁盘分区需要遵循一定的原则，具体如下：

　　（1）方便性

　　对磁盘分区的初衷是使用起来比较方便地对磁盘进行管理，分区过多或者过少都不便于对磁盘信息进行管理。

　　（2）实用性

　　不同的用户对磁盘信息存储要求也不同，比如进行视频编辑、图像处理等工作的用户，就需要划分出一个空间比较大的分区用来存放数据，以便有足够的空间来保存图像和视频中大量的临时文件。

　　（3）安全性

　　数据安全一直都是电脑用户担心的问题，其实分区的合理是否，也会对安全产生一定的影响。如果磁盘只有一个分区的话，其数据安全就没有保障，如果系统文件出现错误或者受到病毒的攻击，则整个磁盘中的数据将会丢失。数据恢复系数远比分成几个分区要小得多。所以分区的大小应该合理化，最好分成容易记的整数，如果分区随意，在遇到特殊故障时，比如分区表被破坏，要想手工恢复时，由于难以确认原来分区的大小，从而增加恢复难度。

4.1.2 利用diskpart进行分区

命令行工具diskpart是一种文本模式命令解释程序,可以通过使用脚本或从命令提示符窗口中直接输入来管理对象,包括磁盘、分区或卷等。diskpart命令的语法格式如下:

```
diskpart [/add|/delete][device_
naMe|drive_naMe|partition_naMe][size]
```

主要参数介绍如下:

(1)/add:创建新的分区。

(2)/delete:删除现有的分区。

(3)device_naMe:要创建或者删除分区的设备。设置的名称可以从map命令的输出获得。

(4)drive_naMe:以驱动器号表示的待删除的分区,只与/delete同时使用。

(5)partition_naMe:以分区名称表示的待删除的分区,可代替drive_naMe,但是只与/delete同时使用。

(6)size:要创建分区的大小。以兆字节(MB)表示,只与/add同时使用。

⚠️**注意**:如果diskpart命令不带任何参数,将会启动diskpart的交互式字符界面。

利用diskpart可实现对磁盘的分区管理,包括创建分区、删除分区、合并(扩展)分区等,而且设置分区后不用重启计算机也能生效,具体的操作步骤如下。

Step 01 选择"■"→"运行"命令,弹出"运行"对话框,在"打开"文本框中输入cmd,如图4-2所示。

图4-2 "运行"对话框

Step 02 单击"确定"按钮打开"命令提示符"窗口,然后输入diskpart命令,按Enter键,启动diskpart工具,如图4-3所示。

图4-3 启动diskpart工具

Step 03 使用list disk命令来查看计算机上的磁盘编号,如图4-4所示。

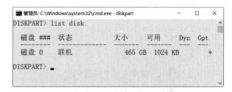

图4-4 查看磁盘编号

Step 04 如果想要把焦点移到物理硬盘0上,只需在"命令提示符"窗口中的"DISKPART>"后面输入"select disk=0"命令后,按Enter键即可,如图4-5所示。

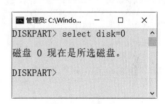

图4-5 转移焦点

Step 05 使用list partition命令,可查看当前磁盘上所有分区的编号,注意这里必须要先用Select Disk命令选中某个磁盘,如图4-6所示。

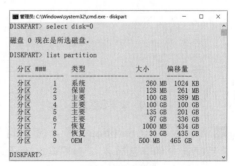

图4-6 查看分区编号

Step 06 要将恢复分区分成两个，首先要删除该分区，然后再重新创建，在DISKPART>后面输入“select part=6”命令后按Enter键即可选中分区6，如图4-7所示。

```
管理员: C:\Window...
DISKPART> select part=6

分区 6 现在是所选分区。

DISKPART>
```

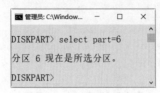

图 4-7　选中分区 6

Step 07 在DISKPART>后面输入“delete part”命令后按Enter键即可删除选中分区，如图4-8所示。

```
管理员: C:\Windows\syst...
DISKPART> delete part

DiskPart 成功地删除了所选分区。

DISKPART>
```

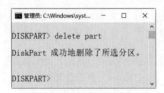

图 4-8　删除分区

Step 08 再次输入“list partition”命令可看删除分区后的硬盘中的分区信息，如图4-9所示。

```
管理员: C:\Windows\system32\cmd.exe - diskpart
DISKPART> list partition

  分区 ###       类型              大小     偏移量
  -------------  ----------------  -------  -------
  分区     1      系统               260 MB  1024 KB
  分区     2      保留               128 MB   261 MB
  分区     3      主要               100 GB   389 MB
  分区     4      主要               100 GB   100 GB
  分区     5      主要               135 GB   201 GB
  分区     7      恢复              1000 MB   434 GB
  分区     8      恢复                30 GB   435 GB
  分区     9      OEM              500 MB   465 GB

DISKPART>
```

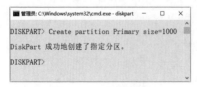

图 4-9　查看删除后的分区信息

Step 09 输入“Create partition Primary size=1000”命令，然后按Enter键即可创建一个大小为1000MB的扩展分区，如图4-10所示。

```
管理员: C:\Windows\system32\cmd.exe - diskpart
DISKPART> Create partition Primary size=1000

DiskPart 成功地创建了指定分区。

DISKPART>
```

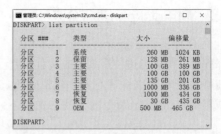

图 4-10　设置分区大小

Step 10 再输入“list partition”命令可看到分区后的硬盘中的分区信息，如图4-11所示。

```
管理员: C:\Windows\system32\cmd.exe - diskpart
DISKPART> list partition

  分区 ###       类型              大小     偏移量
  -------------  ----------------  -------  -------
  分区     1      系统               260 MB  1024 KB
  分区     2      保留               128 MB   261 MB
  分区     3      主要               100 GB   389 MB
  分区     4      主要               100 GB   100 GB
  分区     5      主要               135 GB   201 GB
* 分区     6      主要              1000 MB   336 GB
  分区     7      恢复              1000 MB   434 GB
  分区     8      恢复                30 GB   435 GB
  分区     9      OEM              500 MB   465 GB

DISKPART>
```

图 4-11　查看分区情况

Step 11 输入“Create partition Primary”命令，然后按Enter键可把剩下的空间分配给另一个分区，如图4-12所示。

```
管理员: C:\Windows\system32\...
DISKPART> Create partition Primary

DiskPart 成功地创建了指定分区。

DISKPART>
```

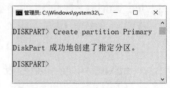

图 4-12　继续划分分区

Step 12 输入“list partition”命令可看到分区后的硬盘中的分区信息，如图4-13所示。

```
管理员: C:\Windows\system32\cmd.exe - diskpart
DISKPART> list partition

  分区 ###       类型              大小     偏移量
  -------------  ----------------  -------  -------
  分区     1      系统               260 MB  1024 KB
  分区     2      保留               128 MB   261 MB
  分区     3      主要               100 GB   389 MB
  分区     4      主要               100 GB   100 GB
  分区     5      主要               135 GB   201 GB
  分区     6      主要              1000 MB   336 GB
* 分区     10     主要                96 GB   337 GB
  分区     7      恢复              1000 MB   434 GB
  分区     8      恢复                30 GB   435 GB
  分区     9      OEM              500 MB   465 GB

DISKPART> _
```

图 4-13　查看划分完毕后的分区信息

Step 13 划分完毕后，在DISKPART>后面输入“select disk=0”命令在第一个硬盘上设置焦点，然后按Enter键并输入detail disk命令，然后按Enter键来显示所选硬盘的详细的分区信息，其结果如图4-14所示。

```
管理员: C:\Windows\system32\cmd.exe - diskpart
DISKPART> select disk=0

磁盘 0 现在是所选磁盘。

DISKPART> detail disk

WDC WD5000AZLX-08K2TA0
磁盘 ID: {0A603198-7B76-4832-ABB8-8B3AEC9944B0}
类型   : SATA
状态 : 联机
路径   : 0
目标 : 0
LUN ID : 0
位置路径 : PCIROOT(0)#PCI(1700)#ATA(C00T00L00)
当前只读状态: 否
只读: 否
```

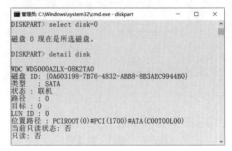

图 4-14　查看硬盘详细的分区信息

Step 14 现在已经成功对硬盘进行分区，但是在"此电脑"并看不到新分的驱动器，这时需要分配驱动号，首先输入"Select disk=0"命令选中第一个物理硬盘，然后再用"Select partition=10"选中第10个磁盘分区，如图4-15所示。

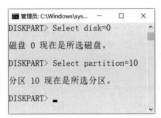

图 4-15 选中编号是 10 的分区

Step 15 在"DISKPART>"后面输入assign命令来给分区10自动分配一个驱动器号，按Enter键就看到"Disk Part成功地指派了驱动器号或装载点"的提示信息，如图4-16所示。至此对磁盘分区的工作就完成了。

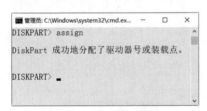

图 4-16 分配驱动器编号

💬提示：Assign命令是专门用来给分区分配驱动器号的命令，其命令格式为"Assign[letter=X]"，其中X表示驱动器号，如果不指定驱动器号，则分配下一个驱动器号，如果驱动器号或者装载点已经在用，则会产生错误。

4.1.3 Windows 10系统磁盘分区

一般来说Win10系统里面磁盘比较少，通常只有一两个，如果能够给磁盘分区，这样可以更好地帮助文件进行分类。下面介绍Windows10系统磁盘分区的方法，具体操作步骤如下。

Step 01 在计算机桌面上选择"此电脑"图

标，然后右击鼠标，在弹出的快捷菜单中选择"管理"菜单命令，如图4-17所示。

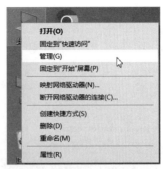

图 4-17 "管理"菜单命令

Step 02 打开"计算机管理"窗口，在其中选择"磁盘管理"选项，如图4-18所示。

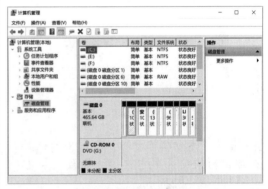

图 4-18 "磁盘管理"选项

Step 03 在窗口的右下部分可以看到磁盘分区，选中要分区的磁盘并右击鼠标，在弹出的快捷菜单中选择"压缩卷"选项，如图4-19所示。

图 4-19 "压缩卷"选项

Step 04 打开"压缩"对话框，系统会计算出可以压缩的空间，也可以输入需要压缩的空间，如图4-20所示。

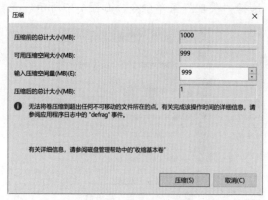

图 4-20 "压缩"对话框

Step 05 单击"压缩"按钮，开始压缩磁盘空间，压缩完成后，会看到一个未分配的分区，如图4-21所示。

图 4-21 未分配分区

Step 06 选择未分配的分区，然后右击鼠标，在弹出的快捷菜单中选择"新建简单卷"选项，如图4-22所示。

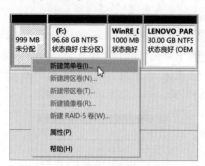

图 4-22 "新建简单卷"选项

Step 07 打开"新建简单卷向导"对话框，如图4-23所示。

Step 08 单击"下一步"按钮，打开"指定卷大小"对话框，在其中指定磁盘分区的大小，如图4-24所示。

Step 09 单击"下一步"按钮，打开"分区驱动器号和路径"对话框，在其中指定分区的驱动器号，如图4-25所示。

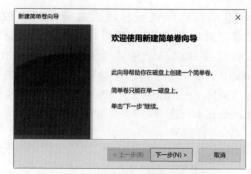

图 4-23 "新建简单卷向导"对话框

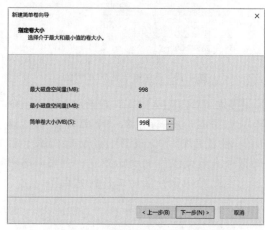

图 4-24 "指定卷大小"对话框

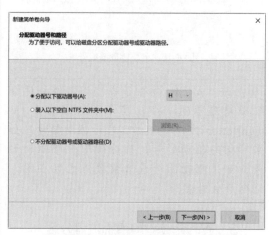

图 4-25 "分区驱动器号和路径"对话框

Step 10 单击"下一步"按钮，打开"格式化分区"对话框，在其中指定格式化卷的格式，如图4-26所示。

Step 11 单击"下一步"按钮，打开"正在完成新建简单卷向导"对话框，在其中可以查看磁盘分区的设置信息，如图4-27所示。

图 4-26　"格式化分区"对话框

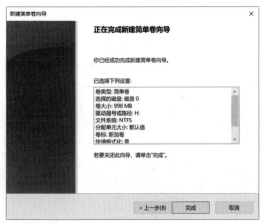

图 4-27　完成磁盘分区

Step 12 单击"完成"按钮，完成磁盘的分区，打开"此电脑"窗口，可看到添加的磁盘分区信息，如图4-28所示。

图 4-28　"此电脑"窗口

4.2　磁盘数据丢失的原因

硬件故障、软件破坏、病毒的入侵、用户自身的错误操作等，都有可能导致数据丢失。但大多数情况下，这些找不到的数据并没有真正丢失，这就需要根据数据丢失的具体原因而定。

4.2.1　数据丢失的原因

造成数据丢失的主要原因有如下几个方面。

（1）用户的误操作。由于用户错误操作而导致数据丢失的情况，在数据丢失的主要原因中所占比例也很大。用户极小的疏忽都可能造成数据丢失，例如用户的错误删除或不小心切断电源等。

（2）黑客入侵与病毒感染。黑客入侵和病毒感染已越来越受关注，由此造成的数据破坏更不可低估。而且有些恶意程序具有格式化硬盘的功能，这对硬盘数据可以造成毁灭性的打击。

（3）软件系统运行错误。由于软件不断更新，各种程序和运行错误也就随之增加，如程序被迫意外中止或突然死机，都会导致用户当前所运行的数据因不能及时保存而丢失。比如，在运行Microsoft Office Word编辑文档时，常常会发生应用程序出现错误而不得不中止的情况，此时，当前文档中的内容就不能完整保存甚至全部丢失。

（4）硬盘损坏。硬件损坏主要表现为磁盘划伤、磁组损坏、芯片及其他元器件烧坏、突然断电等，这些损坏造成的数据丢失都是物理性质的，一般通过Windows自身无法恢复数据。

（5）自然损坏。风、雷电、洪水及意外事故（如电磁干扰、地板振动等）也有可能导致数据丢失，但这一原因出现的可能性比上述几种原因要低很多。

4.2.2　发现数据丢失后的操作

当发现电脑中的硬盘丢失数据后，应当注意以下事项。

（1）当发现自己硬盘中的数据丢失

后，应立刻停止一些不必要的操作，如误删除、误格式化之后，最好不要再往磁盘中读写数据。

（2）如果发现丢失的是C盘数据，应立即关机，以避免数据被操作系统运行时产生的虚拟内存和临时文件破坏。

（3）如果是服务器硬盘阵列出现故障，最好不要进行初始化和重建磁盘阵列操作，以免增加恢复难度。

（4）如果是磁盘出现坏道读不出来时，最好不要反复读盘。

（5）如果是磁盘阵列等硬件出现故障，最好请专业的维修人员来对数据进行恢复。

4.3 备份与恢复磁盘数据

磁盘当中存放的数据有很多类，除了一些系统数据外，大部分数据都是以文件形式存储在磁盘中，对这些数据进行备份可以在一定程度上保护数据的安全。

4.3.1 备份磁盘文件数据

Windows10操作系统为用户提供了备份文件的功能，用户只需通过简单的设置，就可以确保文件不会丢失。备份文件的具体操作步骤如下。

Step 01 单击"■"按钮，在打开的快捷菜单中选择"控制面板"菜单命令，弹出"控制面板"窗口，如图4-29所示。

图4-29 "控制面板"窗口

Step 02 在"控制面板"窗口中单击"查看方

式"右侧的下拉按钮，在打开的下拉列表中选择"小图标"选项，单击"备份和还原"链接，如图4-30所示。

图4-30 选择"小图标"选项

Step 03 弹出"备份或还原你的文件"窗口，在"备份"下面显示"尚未设置Windows备份"信息，表示还没有创建备份，如图4-31所示。

图4-31 "备份或还原你的文件"窗口

Step 04 单击"设置备份"按钮，弹出"设置备份"对话框，系统开始启动Windows备份，并显示启动的进度，如图4-32所示。

图4-32 "设置备份"对话框

Step 05 启动完毕后，将弹出"选择要保存备份的位置"对话框，在"保存备份的位置"

列表框中选择要保存备份的位置。如果想保存在网络上的位置，可以选择"保存在网络上"按钮。这里将保存备份的位置设置为本地磁盘（G），选择"本地磁盘（G）"选项，单击"下一步"按钮，如图4-33所示。

图4-33　选择需要备份的磁盘

Step 06 弹出"你希望备份哪些内容？"对话框，选中"让我选择"单选按钮。如果选中"让Windows选择（推荐）"单选按钮，则系统会备份库、桌面上以及在计算机上拥有用户账户的所有人员的默认Windows文件夹中保存的数据文件，单击"下一步"按钮，如图4-34所示。

图4-34　选中"让我选择"单选按钮

Step 07 在打开的对话框中选择需要备份的文件，如勾选Excel办公文件夹左侧的复选框，单击"下一步"按钮，如图4-35所示。

图4-35　选择需要备份的文件

Step 08 弹出"查看备份设置"对话框，在"计划"右侧显示自动备份的时间，单击"更改计划"按钮，如图4-36所示。

图4-36　"查看备份设置"对话框

Step 09 弹出"你希望多久备份一次"对话框，单击"哪一天"右侧的下拉按钮，在打开的下拉菜单中选择"星期二"选项，如图4-37所示。

Step 10 单击"确定"按钮，返回"查看备份设置"对话框，如图4-38所示。

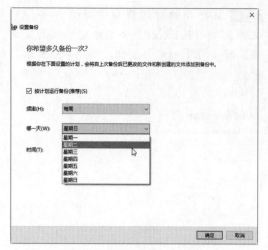

图 4-37　选择"星期二"选项

图 4-38　添加备份文件

Step 11 单击"保存设置并运行备份"按钮，弹出"备份和还原"窗口，系统开始自动备份文件并显示备份的进度，如图4-39所示。

图 4-39　开始备份文件

Step 12 备份完成后，将弹出"Windows备份已成功完成"对话框。单击"关闭"按钮完成备份操作，如图4-40所示。

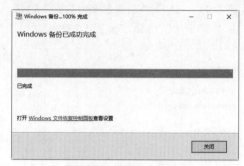

图 4-40　完成文件备份

4.3.2　还原磁盘文件数据

当对磁盘文件数据进行了备份，就可以通过"备份和还原"对话框对数据进行恢复，具体操作步骤如下。

Step 01 打开"备份和还原"对话框，在"备份"类别中可以看到备份文件详细信息，如图4-41所示。

图 4-41　"备份和还原"对话框

Step 02 单击"还原我的文件"按钮，弹出"浏览或搜索要还原的文件或文件夹的备份"对话框，如图4-42所示。

Step 03 单击"选择其他日期"链接，弹出"还原文件"对话框，在"显示如下来源的备份"下拉列表中选择"上周"选项，然后选择"日期和时间"组合框中的"2022/1/29 12：54：49"选项，可将所有的文件都还原到选中日期和时间的版本，单击"确定"按钮，如图4-43所示。

图 4-42　还原文件

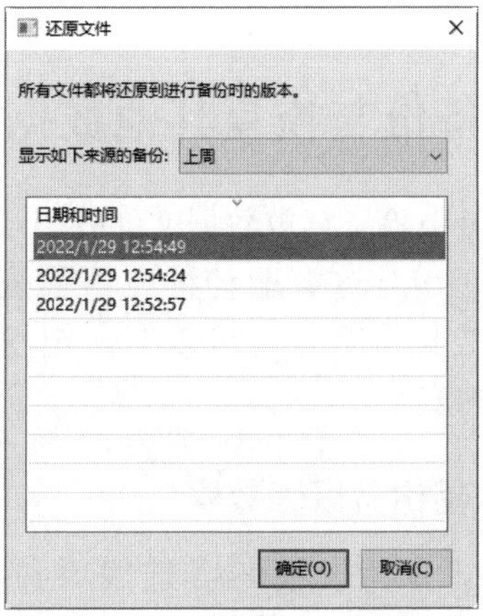

图 4-43　"还原文件"对话框

Step 04 返回"浏览或搜索要还原的文件或文件夹的备份"对话框，如图4-44所示。

图 4-44　还原文件

Step 05 如果用户想要查看备份的内容，可以单击"浏览文件"或"浏览文件夹"按钮，在打开的对话框中查看备份的内容。这里单击"浏览文件"按钮，弹出"浏览文件的备份"对话框，在其中选择备份文件，如图4-45所示。

图 4-45　"还原文件"对话框

Step 06 单击"添加文件"按钮，返回"浏览或搜索要还原的文件或文件夹的备份"对话框，可以看到选择的备份文件已经添加到对话框中的列表框中，如图4-46所示。

图 4-46　还原文件

Step 07 单击"下一步"按钮，弹出"您想在何处还原文件"对话框，在其中选中"在以下位置"单选按钮，如图4-47所示。

Step 08 单击"浏览"按钮，弹出"浏览文件夹"对话框，选择文件还原的位置，如图4-48所示。

图 4-47 "你想在何处还原文件"对话框

图 4-48 "浏览文件夹"对话框

Step 09 单击"确定"按钮，返回"还原文件"对话框，如图4-49所示。单击"还原"按钮，弹出"正在还原文件…"对话框，系统开始自动还原备份的文件。

图 4-49 "还原文件"对话框

Step 10 当出现"已还原文件"对话框时，单

击"完成"按钮，完成还原操作，如图4-50所示。

图 4-50 "已还原文件"对话框

4.4 备份与恢复其他数据

磁盘中除了存放数据文件外，还存储有分区表、引导区、驱动程序等系统数据，对这些数据进行备份可以在一定程度上保护系统的安全。

4.4.1 备份分区表数据

如果分区表损坏会造成系统启动失败、数据丢失等严重后果。这里以使用DiskGenius软件为例，来介绍如何备份分区表，具体操作步骤如下。

Step 01 打开软件DiskGenius V5.4，选择需要保存备份分区表的分区，如图4-51所示。

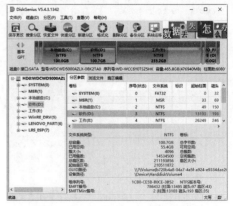

图 4-51 DiskGenius V5.4 工作界面

Step 02 选择"硬盘"→"备份分区表"菜单项，用户也可以按F9键备份分区表，如图4-52所示。

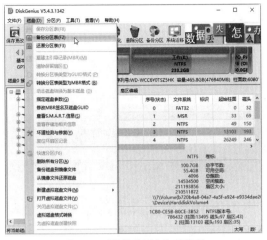

图 4-52　"备份分区表"菜单项

Step 03 弹出"设置分区表备份文件名及路径"对话框，在"文件名"文本框中输入备份分区表的名称，如图4-53所示。

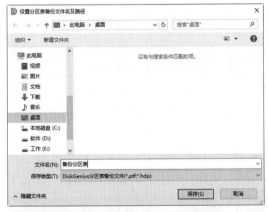

图 4-53　输入备份分区表的名称

Step 04 单击"保存"按钮，开始备份分区表，当备份完成后，弹出"DiskGenius"信息提示框，提示用户当前硬盘的分区表已经备份到指定的文件中，如图4-54所示。

图 4-54　信息提示框

💡提示：为了分区表备份文件的安全，建议将它们保存到当前硬盘以外的硬盘或其他存储介质中，如优盘、移动硬盘、光盘等。

4.4.2　还原分区表数据

当电脑遭到病毒破坏、加密引导区或误分区等操作导致硬盘分区丢失时，就需要还原分区表。这里以使用DiskGenius软件为例，来讲述如何还原分区表，具体操作步骤如下。

Step 01 打开软件DiskGenius V5.4，在其主界面中选择"硬盘"→"还原分区表"菜单项或按F10键，如图4-55所示。

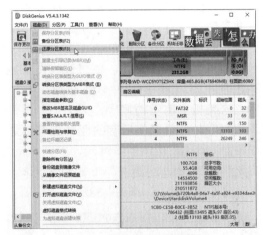

图 4-55　"还原分区表"菜单项

Step 02 打开"选择分区表备份文件"对话框，在其中选择硬盘分区表的备份文件，如图4-56所示。

图 4-56　选择备份文件

45

Step 03 单击"打开"按钮，打开"DiskGenius"信息提示框，提示用户是否从这个分区表备份文件还原分区表，如图4-57所示。

图4-57 "DiskGenius"信息提示框

Step 04 单击"是"按钮即可还原分区表，且还原后将立即保存到磁盘并生效。

4.4.3 备份驱动程序数据

一般情况下，用户备份驱动程序常常借助于第三方软件，比较常用是《驱动精灵》。一台完整的电脑包括主板、显卡、网卡、声卡等硬件设备，要想这些设备能够正常工作，就必须在安装好操作系统后，安装相应的驱动程序。因此，在备份驱动程序时，最好将所有的驱动程序都进行备份，具体的操作步骤如下。

Step 01 在"驱动备份还原"工作界面中单击"一键备份"按钮，如图4-58所示。

图4-58 "一键备份"按钮

Step 02 开始备份所有硬件的驱动程序，并在后面显示备份的进度，如图4-59所示。

Step 03 备份完成后，会在硬件驱动程序的右侧显示"备份完成"的信息提示，如图4-60所示。

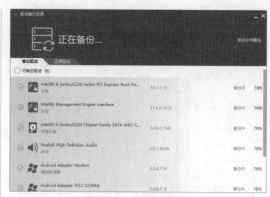

图4-59 备份驱动程序

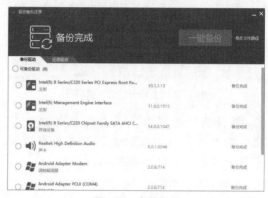

图4-60 备份完成

4.4.4 还原驱动程序数据

前面介绍了使用《驱动精灵》备份驱动程序的方法，下面介绍使用《驱动精灵》驱动程序的方法，具体的操作步骤如下。

Step 01 在《驱动精灵》的主窗口中单击"百宝箱"按钮，如图4-61所示。

图4-61 《驱动精灵》主窗口

Step 02 进入"百宝箱"操作界面，在其中单击"驱动还原"图标，如图4-62所示。

图 4-62　百宝箱操作界面

Step 03 进入"驱动备份还原"选项卡，打开驱动还原操作界面，如图4-63所示。

图 4-63　"驱动备份还原"选项卡

Step 04 在"驱动备份"列表中选择需要还原的驱动程序，如图4-64所示。

图 4-64　选择需要还原的驱动程序

Step 05 单击"一键还原"按钮，驱动程序开

始还原，这个过程相当于安装驱动程序的过程，如图4-65所示。

图 4-65　还原驱动程序

Step 06 还原完成以后，会在驱动列表的右侧显示还原完成的信息提示，如图4-66所示。

图 4-66　驱动程序还原完成

Step 07 同时，还会在"驱动备份还原"工作界面显示还原完成，重启后生效的信息提示，这时可以单击"立即重启"按钮，重新启动电脑，使还原的驱动程序生效，如图4-67所示。

图 4-67　还原完成重启生效

4.5 恢复丢失的磁盘数据

当对磁盘数据没有进行备份操作，而且又发现磁盘数据丢失了，这时就需要借助其他方法或使用数据恢复软件进行丢失数据的恢复。

4.5.1 从回收站中还原

当用户不小心将某一文件删除，很有可能只是删除到了回收站中，如果还没有清除回收站中的文件，则可以将文件从回收站中还原出来。这里以删除本地磁盘F中的图片文件夹为例，来具体介绍如何从回收站中还原删除的文件，具体的操作步骤如下。

Step 01 双击桌面上的"回收站"图标，打开"回收站"窗口，在其中可以看到误删除的"美图"文件夹，如图4-68所示。

图 4-68 "回收站"窗口

Step 02 右击该文件夹，从弹出的快捷菜单中选择"还原"菜单项，如图4-69所示。

图 4-69 "还原"菜单项

Step 03 将回收站之中的"图片"文件夹还原到其原来的位置，如图4-70所示。

图 4-70 还原"图片"文件夹

Step 04 打开本地磁盘F，可在"本地磁盘F"窗口中看到还原的美图文件夹，如图4-71所示。

图 4-71 "本地磁盘 F"窗口

Step 05 双击美图文件夹，可在打开的"美图"窗口中显示出图片的缩略图，如图4-72所示。

图 4-72 "美图"窗口

4.5.2　清空回收站后的恢复

当把回收站中的文件清除后，用户可以使用注册表来恢复清空回收站之后的文件，具体的操作步骤如下。

Step 01 单击"⊞"按钮，在弹出的快捷菜单中选择"运行"菜单项，如图4-73所示。

图4-73　"运行"菜单项

Step 02 打开"运行"对话框，在"打开"文本框中输入注册表命令regedit，如图4-74所示。

图4-74　"运行"对话框

Step 03 单击"确定"按钮，打开"注册表"窗口，如图4-75所示。

Step 04 在窗口的左侧展开【HEKEY LOCAL MACHIME/SOFTWARE/MICROSOFT/WINDOWS/CURRENTVERSION/EXPLORER/DESKTOP/NAMESPACE】树形结构，如图4-76所示。

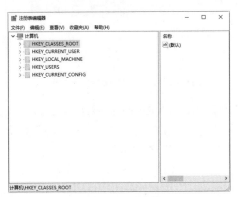

图4-75　"注册表"窗口

图4-76　展开注册表分支结构

Step 05 在窗口的左侧空白处右击，在弹出的快捷菜单中"新建"→"项"菜单项，如图4-77所示。

图4-77　"项"菜单项

Step 06 新建一个项，并将其重命名为"645FFO40-5081-101B-9F08-00AA002F954E"，如图4-78所示。

图4-78　重命名新建项

Step 07 在窗口的右侧选中系统默认项并右击，在弹出的快捷菜单中选择"修改"菜单项，打开"编辑字符串"对话框，将数值数据设置为"回收站"，如图4-79所示。

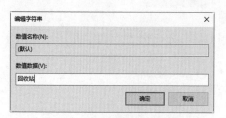

图4-79 "编辑字符串"对话框

Step 08 单击"确定"按钮，退出注册表，重新启动电脑即可将清空的文件恢复出来，如图4-80所示。

图4-80 恢复清空的文件

Step 09 右击该文件夹，从弹出的快捷菜单中选择"还原"菜单项，如图4-81所示。

图4-81 "还原"菜单项

Step 10 将回收站之中的"图片"文件夹还原到其原来的位置，如图4-82所示。

图4-82 还原图片文件夹

4.5.3 使用EasyRecovery恢复数据

EasyRecovery是世界著名数据恢复公司Ontrack的杰作，利用EasyRecovery进行数据恢复，就是通过EasyRecovery将分布在硬盘上的不同位置的文件碎块找回来，并根据统计信息将这些文件碎块进行重整，然后EasyRecovery会在内存中建立一个虚拟的文件夹系统，并列出所有的目录和文件。

使用EasyRecovery恢复数据的具体操作步骤如下。

Step 01 双击桌面上的EasyRecovery图标，进入"EasyRecovery"主窗口，如图4-83所示。

图4-83 "EasyRecovery"主窗口

Step 02 单击EasyRecovery主界面上的"数据恢复"功能项，进入软件的数据恢复子系统窗口，在其中显示了高级恢复、删除恢复、格式化恢复、原始恢复等项目，如图4-84所示。

图 4-84　数据恢复子系统窗口

Step 03 选择F盘上的"图片.rar"文件将其进行彻底删除,单击"数据恢复"功能项中的"删除恢复"按钮,开始扫描系统,如图4-85所示。

图 4-85　开始扫描系统

Step 04 在扫描结束后,将会弹出"目的地警告"提示,建议用户将文件复制到不与恢复来源相同的一个安全位置,如图4-86所示。

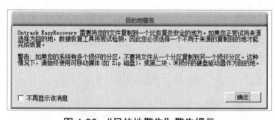

图 4-86　"目的地警告"警告提示

Step 05 单击"确定"按钮,将会自动弹出如图4-87所示的对话框,提示用户选择一个要恢复删除文件的分区,这里选择F盘。在"文件过滤器"中进行相应的选择,如果误删除的是图片,则在文件过滤器中选择"图像文档"选项。但若用户要恢复的文件是不同类型的,可直接选择所有文件,再选中"完整扫描"选项。

Step 06 单击"下一步"按钮,软件开始扫描选定的磁盘,并显示扫描进度,如已用时间、剩余时间、找到目录、找到文件等,

如图4-88所示。

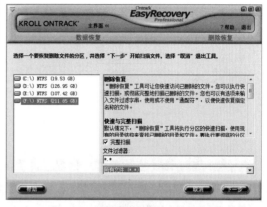

图 4-87　选择要恢复删除文件的分区

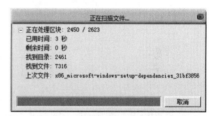

图 4-88　扫描选定的磁盘

Step 07 在扫描完毕之后,将扫描到的相关文件及资料在对话框左侧以树状目录列出来,右侧则显示具体删除的文件信息。在其中选择要恢复的文档或文件夹,这里选择"图片.rar"文件,如图4-89所示。

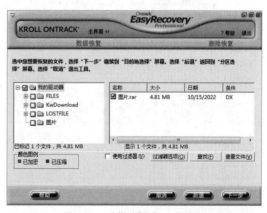

图 4-89　选择"图片.rar"文件

Step 08 单击"下一步"按钮,可在弹出的对话框中设置恢复数据的保存路径,如图4-90所示。

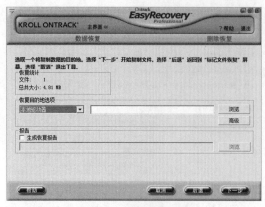

图 4-90　选择恢复目的地

Step 09 单击"浏览"按钮，打开"浏览文件夹"对话框，在其中选择恢复数据保存的位置，如图4-91所示。

图 4-91　"浏览文件夹"对话框

Step 10 单击"确定"按钮，返回设置恢复数据保存的路径，如图4-92所示。

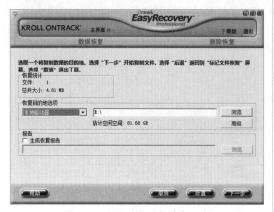

图 4-92　设置恢复目的地为 E 盘

Step 11 单击"下一步"按钮，软件自动将文件恢复到指定的位置，如图4-93所示。

图 4-93　恢复数据

Step 12 在完成文件恢复操作之后，EasyRecovery将会弹出一个恢复完成的提示信息窗口，在其中显示了数据恢复的详细内容，包括源分区、文件大小、已存储数据的位置等内容，如图4-94所示。

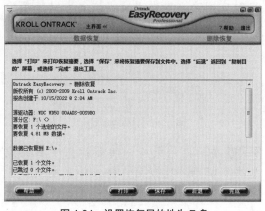

图 4-94　设置恢复目的地为 E 盘

Step 13 单击"完成"按钮，打开"保存恢复"对话框。单击"否"按钮，完成恢复，如果还有其他的文件要恢复，则可以选择"是"按钮，如图4-95所示。

图 4-95　信息提示框

4.6　实战演练

4.6.1　实战1：恢复丢失的磁盘簇

磁盘空间丢失的根本原因是存储文件的簇丢失了，在命令提示符窗口中用户可以使用CHKDSK/F命令找回丢失的簇，具体的操作步骤如下。

Step 01 在"命令提示符"窗口中输入"chkdsk d:/f"命令，如图4-96所示。

图4-96 "cmd.exe"运行窗口

Step 02 按Enter键，此时会显示输入的D盘文件系统类型，并在窗口中显示chkdsk状态报告，同时，列出符合不同条件的文件，如图4-97所示。

图4-97 显示 chkdsk 状态报告

4.6.2 实战2：使用BitLocker加密磁盘

对磁盘加密主要是使用Windows10操作系统中的BitLocker功能，主要是用于解决用户数据的失窃、泄漏等安全性问题，具体的操作步骤如下。

Step 01 单击"■"按钮，在弹出的快捷菜单中选择"控制面板"菜单命令，打开"控制面板"窗口，如图4-98所示。

图4-98 "控制面板"窗口

Step 02 在控制面板窗口中单击"系统和安全"连接，打开"系统和安全"窗口，如图4-99所示。

图4-99 "系统和安全"窗口

Step 03 在该窗口中单击"BitLocker驱动器加密"链接，打开"通过驱动器进行加密来帮助保护您的文件和文件夹"窗口，在窗口中显示了可以加密的驱动器盘符和加密状态，展开各个盘符后，单击盘符后面的"启用BitLocker"链接，对各个驱动器进行加密，如图4-100所示。

图4-100 "BitLocker 驱动器加密"窗口

Step 04 单击D盘后面的"启用BitLocker"链接，打开"正在启动BitLocker"对话框，如图4-101所示。

Step 05 启动BitLocker完成后，打开"选择希望解锁此驱动器的方式"对话框，勾选"使用密码解锁驱动器"复选框，按要求输入内容，如图4-102所示。

Step 06 单击"下一步"按钮，打开"你希望如何备份恢复密钥"对话框，可以选择保存到Microsoft账户、保存到文件和打印恢复密钥选项，这里选择保存到文件选项，如图4-103所示。

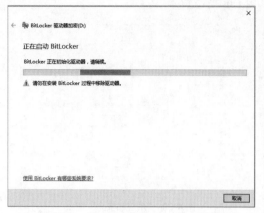

图 4-101　"正在启动 BitLocker"对话框

图 4-102　输入密码

图 4-103　"你希望如何存储恢复密钥"对话框

Step 07 打开"将BitLocker恢复密钥另存为"对话框，本窗口将选择恢复密钥保存的位置，在文件名文本框中更改文件的名称，

如图4-104所示。

图 4-104　更改文件名称

Step 08 单击"保存"按钮，关闭对话框，返回"你希望如何备份恢复密钥"对话框，在对话框的下侧显示已保存恢复密钥的提示信息，如图4-105所示。

图 4-105　信息提示框

Step 09 单击"下一步"按钮，进入选择要加密的驱动器空间大小，如图4-106所示。

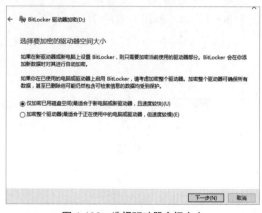

图 4-106　选择驱动器空间大小

Step 10 单击"下一步"按钮，选择要使用的加密模式，如图4-107所示。

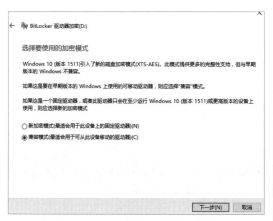

图 4-107 选择要使用的加密模式

Step 11 单击"下一步"按钮，确认是否准备加密该驱动器，如图4-108所示。

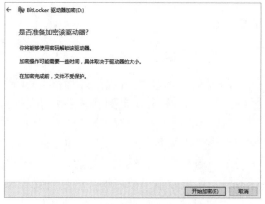

图 4-108 选择是否准备加密该驱动器

Step 12 单击"开始加密"按钮，开始对可移动驱动器进行加密，加密的时间与驱动器的容量有关，但是加密过程不能中止，如图4-109所示。

图 4-109 开始加密

Step 13 开始加密启动完成后，打开"BitLocker驱动器加密"对话框，它显示加密的进度，如图4-110所示。

图 4-110 显示加密的进度

Step 14 单击"继续"按钮，可继续对驱动器进行加密，加密完成后，将弹出信息提示框，提示用户已经加密完成。单击"关闭"按钮，完成D盘的加密，如图4-111所示。

图 4-111 加密完成

第5章　系统安全之备份与还原

用户在使用计算机的过程中，会受到恶意软件的攻击，有时还会不小心删除系统文件，这都有可能导致系统崩溃或无法进入操作系统，这时用户就不得不重装系统，但是如果系统进行了备份，那么就可以直接将其还原，以节省时间。本章介绍计算机系统的备份与还原。

5.1　重装系统

在安装有一个操作系统的计算机中，用户可以利用安装光盘重装系统，而无须考虑多系统的版本问题，只需将系统安装盘插入光驱，并设置从光驱启动，然后格式化系统盘后，就可以按照安装单操作系统一样重装系统。

5.1.1　什么情况下重装系统

具体来讲，当系统出现以下3种情况之一时，就必须考虑重装系统了。

1. 系统运行变慢

系统运行变慢的原因有很多，如垃圾文件分布于整个硬盘而又不便于集中清理和自动清理，或者是电脑感染了病毒或其他恶意程序而无法被杀毒软件清理等，这就需要对磁盘进行格式化处理并重装系统了。

2. 系统频繁出错

众所周知，操作系统是由很多代码组成的，在操作过程中可能因为误删除某个文件或者是被恶意代码改写等原因，致使系统出现错误。此时，如果该故障不便于准确定位或轻易解决，就需要考虑重装系统了。

3. 系统无法启动

导致系统无法启动的原因有多种，如DOS引导出现错误、目录表被损坏或系统文件ntfs.sys丢失等。如果无法查找出系统不能启动的原因或无法修复系统以解决这一问题时，就需要重装系统了。

5.1.2　重装前应注意的事项

在重装系统之前，用户需要做好充分的准备，以避免重装之后造成数据丢失等严重后果。那么在重装系统之前应该注意哪些事项呢？

1. 备份数据

在因系统崩溃或出现故障而准备重装系统之前，首先应该想到的是备份好自己的数据。这时，一定要静下心来，仔细罗列一下硬盘中需要备份的资料，最好把它们一项一项地写在一张纸上，然后逐一对照进行备份。如果硬盘不能启动，这时需要考虑用其他启动盘启动系统，然后复制自己的数据，或将硬盘挂接到其他电脑上进行备份。但是，最好的办法是在平时就养成每天备份重要数据的习惯，这样就可以有效避免因硬盘数据不能恢复造成的损失。

2. 格式化磁盘

重装系统时，格式化磁盘是解决系统问题最有效的办法，尤其是在系统感染病毒后，最好不要只格式化C盘，如果有条件将硬盘中的数据都备份或转移，尽量备份后将整个硬盘都格式化，以保证新系统的安全。

3. 牢记安装序列号

安装序列号相当于一台计算机的身份

证号，标示着安装程序的身份。如果不小心丢掉自己的安装序列号，那么在重装系统时，如果采用的是全新安装，安装过程将无法进行下去。正规的安装光盘的序列号会标注在软件说明书或光盘封套的某个位置上。但是，如果用的是某些软件合集光盘中提供的测试版系统，那么，这些序列号可能是存在于安装目录中的某个说明文本中，如SN.txt等文件。因此，在重装系统之前，首先应将序列号找出并记录下来以备稍后使用。

5.1.3　重装Windows 10

Windows10作为主流操作系统，备受关注，本节将介绍Windows10操作系统的重装，具体步骤如下。

Step 01 将Windows10操作系统的U盘插入USB接口中，重新启动计算机，这时会进入Windows10操作系统安装程序的运行窗口，提示用户安装程序正在加载文件，如图5-1所示。

图 5-1　系统运行窗口

Step 02 当文件加载完成后，进入程序启动Windows界面，如图5-2所示。

Step 03 进入程序运行界面，开始运行程序，运行程序完成，就会弹出安装程序正在启动页面，如图5-3所示。

Step 04 安装程序启动完成后，还需要选择需要安装系统的磁盘，如图5-4所示。

Step 05 单击"下一步"按钮，开始安装Window10系统并进入系统引导页面，如图5-5所示。

图 5-2　程序启动界面

图 5-3　程序运行界面

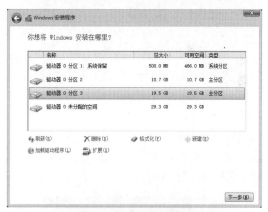

图 5-4　选择系统安装盘

图 5-5　系统引导页面

Step 06 安装完成后，进入Windows10操作系统主页面，系统安装完成，如图5-6所示。

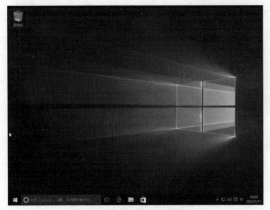

图 5-6　系统安装完成

5.2　备份系统

常见备份系统的方法为使用系统自带的工具备份和Ghost工具备份。

5.2.1　使用系统工具备份系统

Windows10操作系统自带的备份还原功能更加强大，为用户提供了高速度、高压缩的一键备份还原功能。

1.　开启系统还原功能

要想使用Windows系统工具备份和还原系统，首先需要开启系统还原功能，具体的操作步骤如下。

Step 01 右击电脑桌面上的"此电脑"图标，在打开快捷菜单命令中，选择"属性"菜单命令，如图5-7所示。

图 5-7　"属性"选项

Step 02 在打开的窗口中，单击"系统保护"超链接，如图5-8所示。

图 5-8　"系统"窗口

Step 03 弹出"系统属性"对话框，在"保护设置"列表框中选择系统所在的分区，并单击"配置"按钮，如图5-9所示。

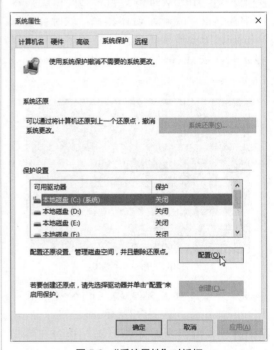

图 5-9　"系统属性"对话框

Step 04 弹出"系统保护本地磁盘"对话框，选中"启用系统保护"单选按钮，单击鼠标调整"最大使用量"滑块到合适的位置，然后单击"确定"按钮，如图5-10所示。

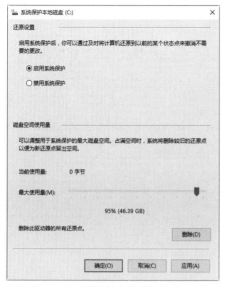

图 5-10 "系统保护本地磁盘"对话框

2. 创建系统还原点

用户开启系统还原功能后，会默认打开保护系统文件和设置的相关信息保护系统。用户也可以创建系统还原点，当系统出现问题时，就可以方便地恢复到创建还原点时的状态。

Step 01 在上面打开的"系统属性"对话框中，选择"系统保护"选项卡，然后选择系统所在的分区，单击"创建"按钮，如图5-11所示。

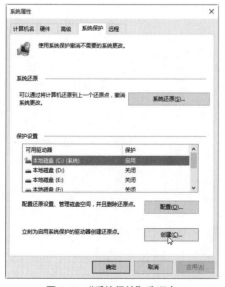

图 5-11 "系统保护"选项卡

Step 02 弹出"创建还原点"对话框，在文本框中输入还原点的描述性信息，如图5-12所示。

图 5-12 "创建还原点"对话框

Step 03 单击"创建"按钮，开始创建还原点，如图5-13所示。

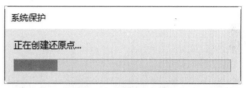

图 5-13 开始创建还原点

Step 04 创建还原点的时间比较短，稍等片刻就可以了。创建完毕后，将打开"已成功创建还原点"提示信息，单击"关闭"按钮即可，如图5-14所示。

图 5-14 创建还原点完成

5.2.2 使用系统映像备份系统

Windows10操作系统为用户提供了系统镜像的备份功能，使用该功能，用户可以备份整个操作系统，具体操作步骤如下。

Step 01 在"控制面板"窗口中，单击"备份和还原（Windows）"链接，如图5-15所示。

Step 02 弹出"备份和还原"窗口，单击"创建系统映像"链接，如图5-16所示。

Step 03 弹出"你想在何处保存备份？"对话

框，这里有3种类型的保存位置，包括在硬盘上，在一张或多张DVD上和在网络位置上，本实例选中"在硬盘上"单选按钮，单击"下一步"按钮，如图5-17所示。

图 5-15　"控制面板"窗口

图 5-16　"备份和还原"窗口

图 5-17　选择备份保存位置

Step 04 弹出"你要在备份中包括哪些驱动器？"对话框，这里采用默认的选项，单击"下一步"按钮，如图5-18所示。

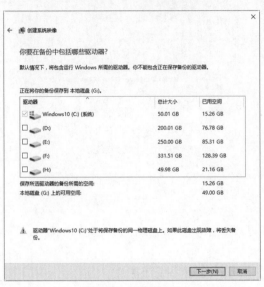

图 5-18　选择驱动器

Step 05 弹出"确认你的备份设置"对话框，单击"开始备份"按钮，如图5-19所示。

图 5-19　确认备份设置

Step 06 系统开始备份，完成后，单击"关闭"按钮，如图5-20所示。

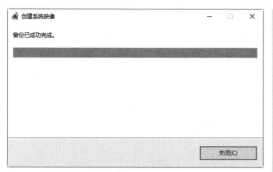

图 5-20 备份完成

5.2.3 使用GHOST工具备份系统

一键GHOST是一个图形安装工具，主要包括一键备份系统、一键恢复系统、中文向导、GHOST、DOS工具箱等功能。使用一键GHOST备份系统的操作步骤如下。

Step 01 下载并安装一键GHOST后，会弹出"一键备份系统"对话框，此时一键GHOST开始初始化。初始化完毕后，将自动选中"一键备份系统"单选按钮，单击"备份"按钮，如图5-21所示。

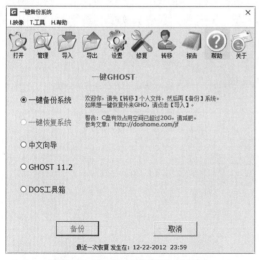

图 5-21 "一键备份系统"对话框

Step 02 弹出"一键GHOST"提示框，单击"确定"按钮，如图5-22所示。

Step 03 系统开始重新启动，并自动打开GRUB4DOS菜单，在其中选择第一个选项，表示启动一键GHOST，如图5-23所示。

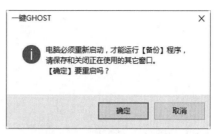

图 5-22 "一键 Ghost"提示框

Step 04 系统自动选择完毕后，接下来会弹出"MS-DOS"一级菜单界面，在其中选择第一个选项，表示在DOS安全模式下运行GHOST 11.2，如图5-24所示。

图 5-23 选择一键 GHOST 选项

图 5-24 "MS-DOS"一级菜单界面

Step 05 选择完毕后，接下来会弹出"MS-DOS"二级菜单界面，在其中选择第一个选项，表示支持IDE、SATA兼容模式，如图5-25所示。

Step 06 根据C盘是否存在映像文件，将会从主窗口自动进入"一键备份系统"警告窗口，提示用户开始备份系统。单击"备份"按钮，如图5-26所示。

Step 07 此时，开始备份系统，如图5-27所示。

图 5-25 "MS-DOS" 二级菜单界面

图 5-26 "一键备份系统" 警告框

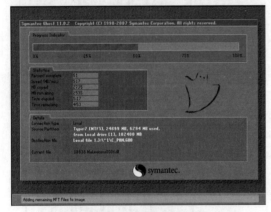

图 5-27 开始备份系统

5.3 还原系统

系统备份完成后，一旦系统出现严重的故障，可还原系统到未出故障前的状态。

5.3.1 使用系统工具还原系统

在为系统创建好还原点之后，一旦系统遭到病毒或木马的攻击，致使系统不能正常运行，这时就可以将系统恢复到指定还原点。

下面介绍如何还原到创建的还原点，具体操作步骤如下。

Step 01 选择 "系统属性" 对话框下的 "系统保护" 选项卡，然后单击 "系统还原" 按钮，如图5-28所示。

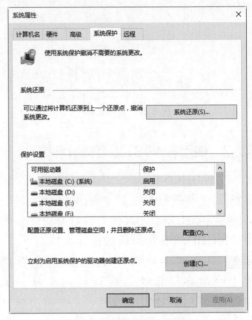

图 5-28 "系统保护" 选项卡

Step 02 弹出 "还原系统文件和设置" 对话框，单击 "下一步" 按钮，如图5-29所示。

图 5-29 "还原系统文件和设置" 对话框

Step 03 弹出 "将计算机还原到所选事件之前的状态" 对话框，选择合适的还原点，一般选择距离出现故障时间最近的还原点即可，单击 "扫描受影响的程序" 按钮，如图5-30所示。

图 5-30 选择还原点

Step 04 弹出"正在扫描受影响的程序和驱动程序"对话框，如图5-31所示。

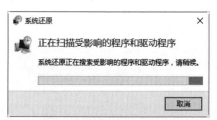

图 5-31 "系统还原"对话框

Step 05 稍等片刻，扫描完成后，将打开详细的被删除的程序和驱动信息，用户可以查看所选择的还原点是否正确，如果不正确可以返回重新操作，如图5-32所示。

Step 06 单击"关闭"按钮，返回"将电脑还原到所选事件之前的状态"对话框，确认还原点选择是否正确，如果还原点选择正确，则单击"下一步"按钮，弹出"确认还原点"对话框，如果确认操作正确，则单击"完成"按钮，如图5-33所示。

Step 07 打开提示框提示"启动后，系统还原不能中断，您希望继续吗？"，单击"是"按钮。电脑自动重启后，还原操作会自动进行，还原完成后再次自动重启电脑，登录到桌面后，将会打开系统还原提示框提示"系统还原已成功完成"，单击"关闭"按钮，完成将系统恢复到指定还原点的操作，如图5-34所示。

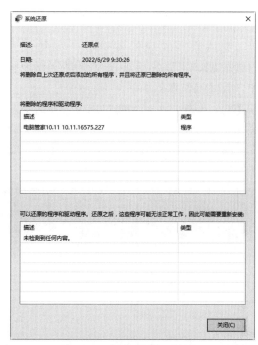

图 5-32 查看还原点是否正确

图 5-33 "确认还原点"对话框

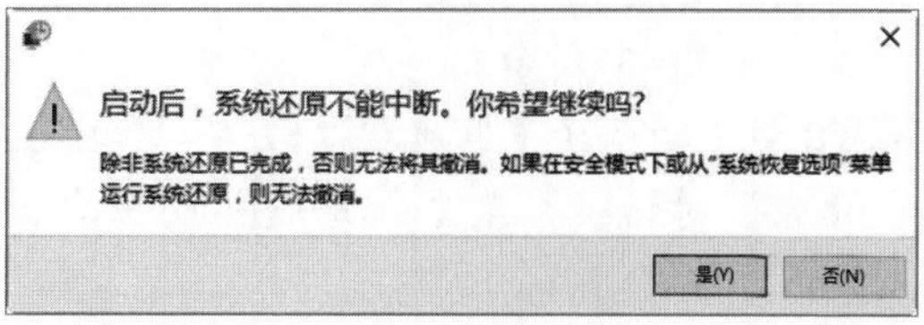

图 5-34 信息提示框

提示：如果还原后发现系统仍有问题，则可以选择其他的还原点进行还原。

5.3.2 使用系统映像还原系统

完成系统映像的备份后，如果系统出现问题，可以利用映像文件进行还原操作，具体操作步骤如下。

Step 01 在桌面上单击"■"按钮，在打开的快捷菜单中选择"设置"选项，弹出"设置"窗口，选择"更新和安全"选项，如图5-35所示。

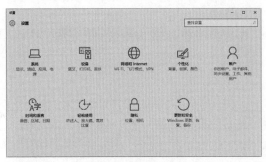

图 5-35 "设置"窗口

Step 02 弹出"更新和安全"窗口，在左侧列表中选择"恢复"选项，在右侧窗口中单击"立即重启"按钮，如图5-36所示。

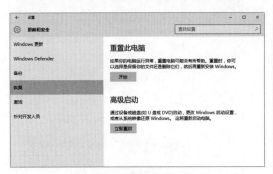

图 5-36 "更新和安全"窗口

Step 03 弹出"选择其他的还原方式"对话框，采用默认设置，直接单击"下一步"按钮，如图5-37所示。

Step 04 弹出"你的计算机将从以下系统映像中还原"对话框，单击"完成"按钮，如图5-38所示。

Step 05 弹出提示信息对话框，单击"是"按钮，如图5-39所示。

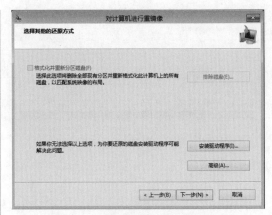

图 5-37 "选择其他的还原方式"对话框

图 5-38 选择要还原的驱动器

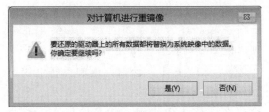

图 5-39 信息提示框

Step 06 系统映像的还原操作完成后，弹出"是否要立即重新启动计算机？"对话框，单击"立即重新启动"按钮即可，如图5-40所示。

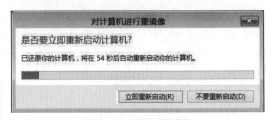

图 5-40 开始还原系统

5.3.3 使用Ghost工具还原系统

当系统分区中数据被损坏或系统遭受病毒和木马的攻击后，就可以利用Ghost的镜像还原功能将备份的系统分区进行完全的还原，从而恢复系统。

使用一键GHOST还原系统的操作步骤如下。

Step 01 在"一键GHOST"对话框中单击选中"一键恢复系统"单选按钮，单击"恢复"按钮，如图5-41所示。

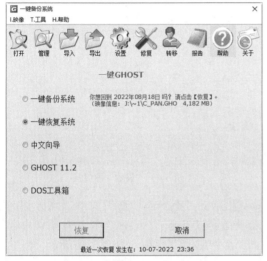

图5-41 "一键恢复系统"单选按钮

Step 02 弹出"一键GHOST"对话框，提示用户计算机必须重新启动，才能运行"恢复"程序，单击"确定"按钮，如图5-42所示。

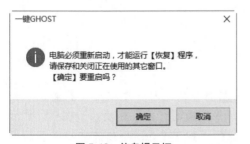

图5-42 信息提示框

Step 03 系统开始重新启动，并自动打开GRUB4DOS菜单，在其中选择第一个选项，表示启动一键GHOST，如图5-43所示。

图5-43 启动一键 GHOST

Step 04 系统自动选择完毕后，接下来会弹出"MS-DOS"一级菜单界面，在其中选择第一个选项，表示在DOS安全模式下运行GHOST 11.2，如图5-44所示。

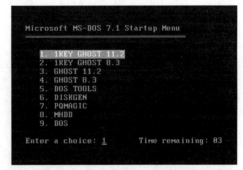

图5-44 "MS-DOS"一级菜单界面

Step 05 选择完毕后，接下来会弹出"MS-DOS"二级菜单界面，在其中选择第一个选项，表示支持IDE、SATA兼容模式，如图5-45所示。

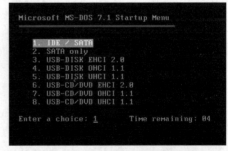

图5-45 "MS-DOS二级菜单"界面

Step 06 根据C盘是否存在映像文件，将会从主窗口自动进入"一键恢复系统"警告窗口，提示用户开始恢复系统。选择"恢复"按钮，开始恢复系统，如图5-46所示。

图 5-46 "一键恢复系统"警告框

Step 07 此时，开始恢复系统，如图 5-47 所示。

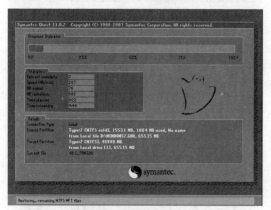

图 5-47 开始恢复系统

Step 08 在系统还原完毕后，将打开一个信息提示框，提示用户恢复成功，单击 Reset Computer 按钮重启电脑，然后选择从硬盘启动，可将系统恢复到以前的系统。至此，就完成了使用 GHOST 工具还原系统的操作，如图 5-48 所示。

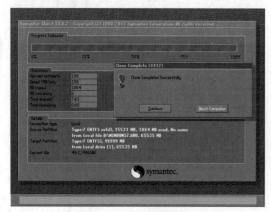

图 5-48 系统恢复成功

5.4 重置系统

对于系统文件出现丢失或者文件异

常的情况，可以通过重置的方法来修复系统。重置电脑可以在电脑出现问题时将系统恢复到初始状态，而不需要重装系统。

5.4.1 在可开机情况下重置计算机

在可以正常开机并进入 Windows10 操作系统后重置计算机的具体操作步骤如下。

Step 01 单击"▦"按钮，在打开的快捷菜单中选择"设置"菜单命令，弹出"设置"窗口，选择"更新和安全"选项，如图 5-49 所示。

图 5-49 "设置"窗口

Step 02 弹出"更新和安全"窗口，在左侧列表中选择"恢复"选项，在右侧窗口中单击"立即重启"按钮，如图 5-50 所示。

图 5-50 "恢复"选项

Step 03 弹出"选择一个选项"界面，单击选择"保留我的文件"选项，如图 5-51 所示。

Step 04 弹出"将会删除你的应用"界面，单击"下一步"按钮，如图 5-52 所示。

Step 05 弹出"警告"界面，单击"下一步"按钮，如图 5-53 所示。

图 5-51　"保留我的文件"选项

图 5-52　"将会删除你的应用"界面

图 5-53　"警告"界面

Step 06 弹出"准备就绪，可以重置这台电脑"界面，单击"重置"按钮，如图5-54所示。

图 5-54　准备就绪界面

Step 07 计算机重新启动，进入"重置"界面，如图5-55所示。

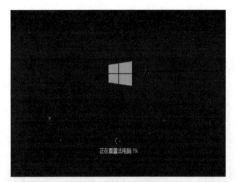

图 5-55　"重置"界面

Step 08 重置完成后会进入Windows 10安装界面，安装完成后自动进入Windows 10桌面，如图5-56所示。

图 5-56　Windows 10 安装界面

5.4.2　在不可开机情况下重置计算机

如果Windows10操作系统出现错误，开机后无法进入系统，此时可以在不开机的情况下重置计算机，具体操作步骤如下。

Step 01 在开机界面单击"更改默认值或选择其他选项"选项，如图5-57所示。

图 5-57　开机界面

Step 02 进入"选项"界面，单击"选择其他选项"选项，如图5-58所示。

图 5-58 "选项"界面

Step 03 进入"选择一个选项"界面，单击"疑难解答"选项，如图5-59所示。

图 5-59 "选择一个选项"界面

Step 04 在打开的"疑难解答"界面单击"重置此电脑"选项，其后的操作与在可开机的状态下重置电脑操作相同，这里不再赘述，如图5-60所示。

图 5-60 "疑难解答"界面

5.5 实战演练

5.5.1 实战1：一个命令就能修复系统

SFC命令是Windows操作系统中使用频率比较高的命令，主要作用是扫描所有受保护的系统文件并完成修复工作。该命令的语法格式如下：

```
SFC [/SCANNOW] [/SCANONCE] [/SCANBOOT] [/REVERT] [/PURGECACHE] [/CACHESIZE=x]
```

各个参数的含义如下：

/SCANNOW：立即扫描所有受保护的系统文件。

/SCANONCE：下次启动时扫描所有受保护的系统文件。

/SCANBOOT：每次启动时扫描所有受保护的系统文件。

/REVERT：将扫描返回到默认设置。

/PURGECACHE：清除文件缓存。

/CACHESIZE=x：设置文件缓存大小。

下面以最常用的sfc/scannow为例进行讲解，具体操作步骤如下。

Step 01 单击"⊞"按钮，在弹出的快捷菜单中选择"命令提示符（管理员）（A）"菜单命令，如图5-61所示。

图 5-61 开始快捷菜单命令

Step 02 弹出管理员命令提示符窗口，输入命令sfc/scannow，按Enter键确认，如图5-62所示。

Step 03 开始自动扫描系统，并显示扫描的进度，如图5-63所示。

图 5-62　输入命令

图 5-63　自动扫描系统

Step 04 在扫描的过程中，如果发现损坏的系统文件，会自动进行修复操作，并显示修复后的信息，如图5-64所示。

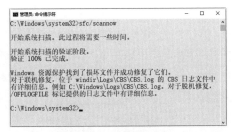

图 5-64　自动修复系统

5.5.2　实战2：开启计算机CPU最强性能

在Windows10操作系统之中，用户可以设置系统启动密码，具体的操作步骤如下。

Step 01 按▓+R组合键，打开"运行"对话框，在"打开"文本框中输入msconfig，如图5-65所示。

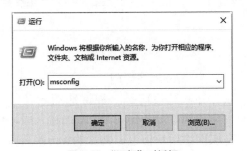

图 5-65　"运行"对话框

Step 02 单击"确定"按钮，在弹出的对话框中选择"引导"选项卡，如图5-66所示。

图 5-66　"引导"界面

Step 03 单击"高级选项"按钮，弹出"引导高级选项"对话框，勾选"处理器个数"复选框，将处理器个数设置为最大值，本机最大值为4，如图5-67所示。

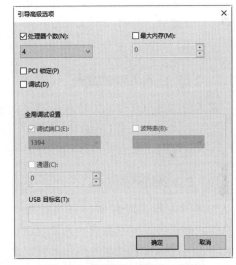

图 5-67　"引导高级选项"对话框

Step 04 单击"确定"按钮，弹出"系统配置"对话框，单击"重新启动"按钮，重启计算机系统，CUP就能达到最大性能了，这样计算机运行速度就会明显提高，如图5-68所示。

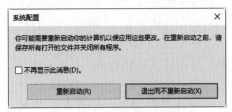

图 5-68　"系统配置"对话框

第6章 SQL注入入侵与弱口令入侵

当前的网络设备基本上都是用"身份认证"来实现身份识别与安全防范的,其中基于"账号/密码"认证最为常见。本章就来介绍两种常见的基于Windows认证入侵的方式,包括SQL注入入侵、通过弱口令入侵以及基于Windows认证入侵的防范。

6.1 实现SQL注入入侵

SQL注入(SQL Injection)入侵,是众多针对脚本系统入侵中最常见的一种入侵手段,也是危害最大的一种入侵方式。由于SQL注入入侵易学易用,使得网上各种SQL注入入侵事件成风,对网站安全的危害十分严重。

6.1.1 SQL注入入侵的准备

黑客在实施SQL注入入侵前会进行一些准备工作,同样,要对自己的网站进行SQL注入漏洞的检测,也需要进行相同的准备。

1. 准备猜解用的工具

与任何入侵手段相似,在进行每一次入侵前,都要经过检测漏洞、入侵攻击、种植木马后门进行长期控制等几个步骤,进行SQL注入入侵同样也不例外。在这几个入侵步骤中,黑客往往会使用一些特殊的工具,以提高入侵的效率和成功率。在进行SQL注入入侵测试前,需要准备如下入侵工具。

（1）SQL注入漏洞扫描器与猜解工具

ASP环境的注入扫描器主要有NBSI、HDSI、Pangolin_bin、WIS+WED和冰舞等,其中NBSI工具可对各种注入漏洞进行解码,从而提高猜解效率,如图6-1所示。

冰舞是一款针对ASP脚本网站的扫描工具,可全面寻找目标网站存在的漏洞,如图6-2所示。

图6-1 常用的ASP注入工具NBSI

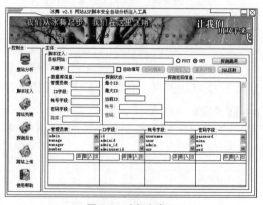

图6-2 冰舞主窗口

（2）Web木马后门

Web木马后门是一种特殊的木马,主要安装在网站服务器上用于Web注入成功后来窃取网站用户信息。常见的Web木马后门有"冰狐浪子ASP"木马、"海阳顶端网ASP"木马等,这些都是用于注入入侵后控制ASP环境的网站服务器。

（3）注入辅助工具

由于某些网站可能会采取一些防范措施，所以在进行SQL注入入侵时，还需要借助一些辅助的工具，来实现字符转换、格式转换等功能。常见的SQL注入辅助工具有"ASP木马C/S模式转换器"和"C2C注入格式转换器"等。

2. 寻找攻击入口

SQL注入入侵与其他入侵手段相似，在进行注入入侵前要经过漏洞扫描、入侵攻击、种植木马后门进行长期控制等几个过程。所以查找可入侵网站是成功实现注入的前提条件。

由于只有ASP、PHP、JSP等动态网页才可能存在注入漏洞，一般情况下，SQL注入漏洞存在于"http://www.xxx.xxx/abc.asp?id=yy"等带有参数的ASP动态网页中。因为只要带有参数的动态网页且该网页访问了数据库，就可能存在SQL注入漏洞。如果程序员没有安全意识，没有对必要的字符进行过滤，则其构建的网站存在SQL注入入侵的可能性就很大。

在浏览器中搜索注入站点的步骤如下：

Step 01 在浏览器中的地址栏中输入网址"www.baidu.com"，打开百度搜索引擎，输入"allinurl:asp?id="进行搜索，如图6-3所示。

图6-3　搜索网址含有中"asp?id="的网页

Step 02 打开百度搜索引擎，在搜索文本中输入"allinurl:php?id="进行搜索，如图6-4所示。

图6-4　搜索网址含有中"php?id="的网页

利用专门注入工具进行检测网站是否存在注入漏洞，也可在动态网页地址的参数后加上一个单引号，如果出现错误则可能存在注入漏洞。由于通过手工方法进行注入检测的猜解效率低，所以最好使用专门的软件进行检测。

NBSI可以在图形界面下对网站进行注入漏洞扫描。运行程序后单击工具栏上的"网站扫描"按钮，在"网站地址"栏中输入扫描的网站链接地址，再选择扫描方式。如果是第一次扫描，可以选中"快速扫描"单选按钮，如果使用该方式没有扫描到漏洞，再使用"全面扫描"方式按钮。单击"扫描"按钮，可在下面列表中看到可能存在SQL注入的链接地址，如图6-5所示。在扫描结果列表中将会显示注入漏洞存在的可能性，其中标记为"可能性：极高"的注入成功的概率较大些。

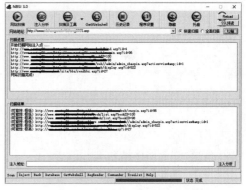

图6-5　NBSI 扫描 SQL 注入点

6.1.2　使用NBSI注入工具

NBSI（网站安全漏洞检测工具，又叫SQL注入分析器）是一套高集成性Web安全检测系统，是由NB联盟编写的一个非常强大的SQL注入工具。使用它可以检测出各种SQL注入漏洞并进行解码，提高猜解效率。

在NBSI中可以检测出网站中存在的注入漏洞，对其进行注入攻击，具体实现步骤如下。

Step 01 运行NBSI主程序，打开"NBSI操作"主窗口，如图6-6所示。

图6-6　"NBSI"主窗口

Step 02 单击"网站扫描"按钮，进入"网站扫描"窗口，如图6-7所示。在"网站地址"中输入要扫描的网站地址，这里选择本地创建的网站，选中"快速扫描"单选按钮。

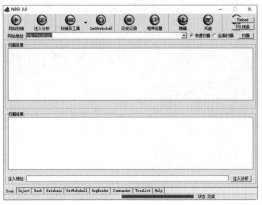

图6-7　"网站扫描"窗口

Step 03 单击"扫描"按钮，对该网站进行扫描。如果在扫描过程中发现注入漏洞，会将漏洞地址及其注入性的高低显示在"扫描结果"列表中，如图6-8所示。

图6-8　扫描后的结果

Step 04 在"扫描结果"列表中单击要注入的网址，可将其添加到下面的"注入地址"文本框中，如图6-9所示。

图6-9　添加要注入的网站地址

Step 05 单击"注入分析"按钮，进入"注入分析"窗口中，如图6-10所示。在其中选中"post"单选按钮，则可以在"特征符"文本区域中输入相应的特征符。

Step 06 设置完毕后，单击"检测"按钮即可对该网址进行检测，其检测结果如图6-11所示。如果检测完毕之后，"未检测到注入漏洞"单选按钮被选中，则该网址是不能被用来进行注入攻击的。

图 6-10　"注入分析"窗口

图 6-11　对选择的网站进行检测

注意： 这里得到的是一个数字型+Access数据库的注入点，ASP+MSSQL型的注入方法与其一样，都可以在注入成功之后去读取数据库的信息。

Step 07 在NBSI主窗口中单击"扫描及工具"按钮右侧的下拉箭头，在弹出的快捷菜单中选择"Access数据库地址扫描"菜单项，如图6-12所示。

图 6-12　选择"Access 数据库地址扫描"菜单项

Step 08 在打开的"扫描及工具"窗口，将前面扫描出来的"可能性：较高"的网址复制到"扫描地址"文本框中；并勾选"由根目录开始扫描"复选框，如图6-13所示。

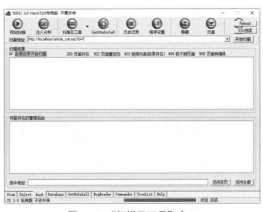

图 6-13　"扫描及工具"窗口

Step 09 单击"开始扫描"按钮，可将可能存在的管理后台扫描出来，其结果会显示在"可能存在的管理后台"列表中，如图6-14所示。

图 6-14　可能存在的管理后台

Step 10 将扫描出来的数据库路径进行复制，将该路径粘贴到浏览器的地址栏中，可自动打开浏览器下载功能，并弹出"另存为"对话框，或使用其他的下载工具，如图6-15所示。

Step 11 单击"保存"按钮，可将该数据下载到本地磁盘中，打开后结果如图6-16所示，这样，就掌握了网站的数据库了，实现了SQL注入入侵。

图 6-15 "另存为"对话框

图 6-16 数据库文件

在一般情况下，扫描出来的管理后台不止一个，此时可以选择默认管理页面，也可以逐个进行测试，利用破解出的用户名和密码进入其管理后台。

6.1.3 Domain注入工具

Domain是一款出现最早，而且功能非常强大的SQL注入工具，集旁注检测、SQL猜解、密码破解、数据库管理等功能于一体。

1 使用Domain实现注入

使用Domain实现注入的具体操作步骤如下：

Step 01 先下载并解压Domain压缩文件，双击"Domain注入工具"的应用程序图标，打开"Domain注入工具"的主窗口，如图6-17所示。

图 6-17 "Domain 注入工具"主窗口

Step 02 单击"旁注检测"选项卡，在"输入域名"文本框内输入需要注入的网站域名，并单击右侧的 >> 按钮，可检测出该网站域名所对应的IP地址。单击"查询"按钮，可在窗口左下部分列表中列出相关站点信息，如图6-18所示。

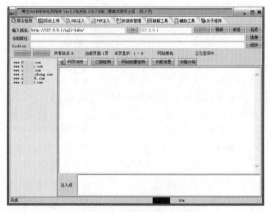

图 6-18 "旁注检测"页面

Step 03 选中右侧列表中的任意一个网址并单击"网页浏览"按钮，可打开"网页浏览"页面，可以看到页面最下方的"注入点"列表中，列出了所有刚发现的注入点，如图6-19所示。

Step 04 单击"二级检测"按钮，可进入"二级检测"页面，分别输入域名和网址后可查询二级域名以及检测整站目录，如图6-20所示。

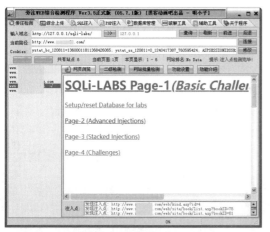

图 6-19　"网页浏览"页面

图 6-20　"二级检测"页面

Step 05 若单击"网站批量检测"按钮，可打开"网站批量检测"页面，在该页面中可查看待检测的几个网址，如图6-21所示。

图 6-21　"网站批量检测"页面

Step 06 单击"添加指定网址"按钮，可打开"添加网址"对话框，在其中输入要添加的网址。单击OK按钮，返回"网站批量检测"页面，如图6-22所示。

图 6-22　"添加网址"对话框

Step 07 单击页面最下方的 开始检测 按钮，可成功分析出该网站中所包含的页面，如图6-23所示。

图 6-23　成功分析网站中所包含的页面

Step 08 单击"保存结果"按钮，打开Save As对话框，在其中输入想要保存的名称。单击Save按钮，可将分析结果保存至目标位置，如图6-24所示。

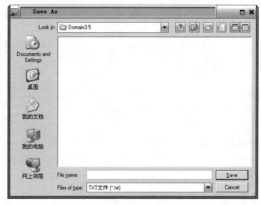

图 6-24　保存分析页面结果

Step 09 单击"功能设置"按钮，对浏览网页时的个别选项进行设置，如图6-25所示。

图6-25 "功能设置"页面

Step 10 在"Domain注入工具"主窗口中选择"SQL注入"选项卡，单击"扫描注入点"按钮，左侧窗格中打开"扫描注入点"标签页。单击"载入查询网址"按钮，可在显示出关联的网站地址。选中与前面设置相同的网站地址，最后单击右侧的"批量分析注入点"按钮，可在窗口最下方的"注入点"列表中显示检测到并可注入的所有注入点，如图6-26所示。

图6-26 "扫描注入点"标签页

Step 11 单击"SQL注入猜解检测"按钮，在"注入点"地址栏中输入上面检测到的任意一条注入点，如图6-27所示。

图6-27 "SQL注入猜解检测"页面

Step 12 单击"开始检测"按钮并在"数据库"列表下方单击"猜解表名"按钮，在"列名"列表下方单击"猜解列名"按钮；最后在"检测结果"列表下方单击"猜解内容"按钮，稍等几秒钟后，可在检测信息列表中看到SQL注入猜解检测的所有信息，如图6-28所示。

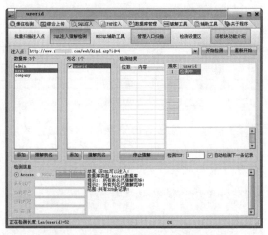

图6-28 SQL注入猜解检测的所有信息

2. 使用Domain扫描管理后台

使用Domain扫描管理后台的方法很简单，具体的操作步骤如下：

Step 01 在"Domain注入工具"主窗口中选择"SQL注入"选项卡，再单击"管理入口扫描"按钮，进入"管理入口扫描"标签页，如图6-29所示。

图 6-29　"管理入口扫描"标签页

Step 02 在"注入点"地址栏中输入前面扫描到的注入地址，并根据需要选中"从当前目录开始扫描"单选按钮，最后单击"扫描后台地址"按钮，开始扫描并在下方的列表中显示所有扫描到的后台地址，如图6-30所示。

图 6-30　扫描后台地址

Step 03 单击"检测设置区"按钮，在该页面中可看到"设置表名""设置字段"和"后台地址"三个列表中的详细内容。通过单击下方的"添加"和"删除"按钮，可以对三个列表的内容进行相应的操作，如图6-31所示。

图 6-31　"检测设置区"页面

3. 使用Domain上传WebShell

使用Domain上传WebShell的方法很简单，具体的操作步骤如下：

Step 01 在"Domain注入工具"主窗口中单击"综合上传"选项卡，根据需要选择上传的类型（这里选择类型为：动网上传漏洞），在"基本设置"栏目中，填写前面所检测出的任意一个漏洞页面地址并选中"默认网页木马"单选按钮，在"文件名"和Cookies文本框中输入相应的内容，如图6-32所示。

图 6-32　"综合上传"页面

Step 02 单击"上传"按钮，即可在"返回信息"栏目中，看到需要上传的Webshell地址，如图6-33所示。单击"打开"按钮，可根据上传的Webshell地址打开对应页面。

图 6-33　上传 Webshell 地址

6.1.4　SQL入侵的安全防范

随着互联网逐渐普及，基于Web的各种非法攻击也不断涌现和升级，很多开发人员被要求使他们的程序变得更安全可靠，这也逐渐成为这些开发人员共同面对的问题和责任。由于目前SQL注入入侵被大范围地使用，因此对其进行防御非常重要。

1. 对用户输入的数据进行过滤

要防御SQL注入，用户输入的变量就绝对不能直接被嵌入到SQL语句中，所以必须对用户输入内容进行过滤，也可以使用参数化语句将用户输入嵌入到语句中，这样可以有效地防止SQL注入式入侵。在数据库的应用中，可以利用存储过程实现对用户输入变量的过滤，例如可以过滤掉存储过程中的分号，这样就可以有效避免SQL注入入侵。

总之，在不影响数据库应用的前提下，可以让数据库拒绝分号分隔符、注释分隔符等特殊字符的输入。因为，分号分隔符是SQL注入式入侵的主要帮凶，而注释只有在数据设计时用得到，一般用户的查询语句是不需要注释的。把SQL语句中的这些特殊符号拒绝掉，即使在SQL语句中嵌入

了恶意代码，也不会引发SQL注入式入侵。

2. 使用专业的漏洞扫描工具

黑客目前通过自动搜索攻击目标并实施攻击，该技术甚至可以轻易地被应用于其他的Web架构中的漏洞。企业应当投资于一些专业的漏洞扫描工具，如Web漏洞扫描器，如图6-34所示。一个完善的漏洞扫描程序不同于网络扫描程序，专门查找网站上的SQL注入式漏洞，最新的漏洞扫描程序也可查找最新发现的漏洞。程序员应当使用漏洞扫描工具和站点监视工具对网站进行测试。

图 6-34　Web 漏洞扫描器

3. 对重要数据进行验证

MD5（Message-Digest Algorithm5）又称为信息摘要算法，即不可逆加密算法，对重要数据用户可以MD5算法进行加密。

在SQL Server数据库中，有比较多的用户输入内容验证工具，可以帮助管理员来对付SQL注入式入侵。例如，测试字符串变量的内容，只接受所需的值；拒绝包含二进制数据、转义序列和注释字符的输入内容；测试用户输入内容的大小和数据类型，强制执行适当的限制与转换等。这些措施既能有助于防止脚本注入和缓冲区溢出入侵，还能防止SQL注入式入侵。

总之，通过测试类型、长度、格式和

范围来验证用户输入，过滤用户输入的内容，这是防止SQL注入式入侵的常见并且行之有效的措施。

6.2　通过弱口令实现入侵

在网络中，每台计算机的操作系统都不是完美的，都会存在着这样或那样的漏洞信息以及弱口令等，如NetBios信息、Snmp信息、NT-Server弱口令等。

6.2.1　制作黑客字典

黑客在进行弱口令扫描时，有时并不能得到自己想要的数据信息，这时就需要通过黑客掌握的相关信息来制作自己的黑客字典，从而尽快破解出对方的密码信息。目前网上有大量的黑客字典制作工具，常用的有流光、易优超级字典生成器等。

使用流光可以制作黑客字典，具体操作步骤如下：

Step 01 在下载并安装流光软件之后，再打开其主窗口，如图6-35所示。

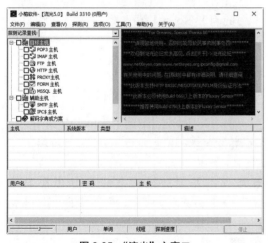

图 6-35　"流光"主窗口

Step 02 选择"工具"→"字典工具"→"黑客字典工具III-流光版"菜单项，或使用Ctrl+H快捷键，可打开"黑客字典流光版"对话框，如图6-36所示。

Step 03 选择"选项"选项卡，在其中确定字符的排列方式，根据要求勾选"仅仅首字母大写"复选框，如图6-37所示。

图 6-36　"黑客字典流光版"对话框

图 6-37　"选项"选项卡

Step 04 选择"文件存放位置"选项卡，进入文件存放设置界面，如图6-38所示。

Step 05 单击"浏览"按钮，打开"另存为"对话框，在"文件名"文本框中输入文件名，如图6-39所示。

Step 06 单击"保存"按钮，返回"黑客字典流光版"对话框，可看到设置的文件存放位置，如图6-40所示。

Step 07 单击"确定"按钮，可看到设置好的字典属性，如图6-41所示。

图 6-38 "文件存放位置"选项卡

图 6-39 "另存为"文本框

图 6-40 设置文件存放位置

Step 08 如果和要求一致，则单击"开始"按

钮，生成密码字典，如图6-42所示即为打开的生成字典文件。

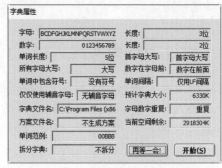

图 6-41 "字典属性"对话框

图 6-42 生成的字典文件

6.2.2 获取弱口令信息

目前，网络上有很多弱口令扫描工具，常用的有X-Scan、流光等，利用这些扫描工具可以探测目标主机中的NT-Server弱口令、SSH弱口令、FTP弱口令等。

1. 使用X-Scan扫描弱口令

使用X-Scan扫描弱口令的操作步骤如下：

Step 01 在X-Scan主窗口中选择"扫描"→"扫描参数"菜单项，打开"参数设置"对话框，在左边的列表中选择"全局设置"→"扫描模块"选项，在其中勾选相应弱口令复选框，如图6-43所示。

Step 02 选择"插件设置"→"字典文件"选项，在右边的列表中选择相应的字典文件，如图6-44所示。

Step 03 选择"检测范围"选项，可设置扫描IP地址的范围，在"指定IP范围"文本框中可输入需要扫描的IP地址或IP地址段，如图6-45所示。

图 6-43 设置扫描模块

图 6-44 设置字典文件

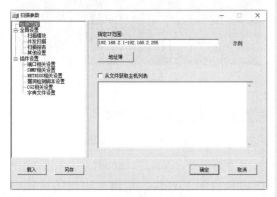

图 6-45 设置 IP 范围

Step 04 参数设置完毕后，单击"确定"按钮，返回"X-Scan"主窗口，在其中单击"扫描"按钮，可根据自己的设置进行扫描，等待扫描结束之后，会弹出"检测报告"窗口，从中可看到目标主机中存在的弱口令信息，如图6-46所示。

图 6-46 扫描结果显示

2. 使用流光探测扫描弱口令

使用流光可以探测目标主机的POP3、SQL、FTP、HTTP等弱口令。下面具体介绍使用流光探测SQL弱口令的具体操作步骤：

Step 01 在流光的主窗口中，选择"探测"→"高级扫描工具"菜单项，打开"高级扫描设置"对话框，在"设置"选项卡中填入起始IP地址、结束IP地址，并选择目标系统之后，再在"检测项目"列表中勾选"SQL"复选框，如图6-47所示。

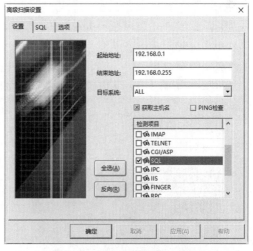

图 6-47 "高级扫描设置"对话框

Step 02 选择"SQL"选项卡，在其中勾选"对SA密码进行猜解"复选框，如图6-48所示。

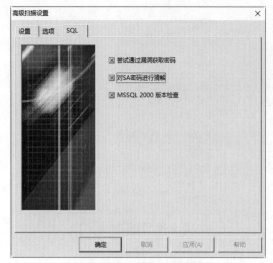

图 6-48 "SQL"选项卡

Step 03 单击"确定"按钮，打开"选择流光主机"对话框，如图6-49所示。

图 6-49 "选择流光主机"对话框

Step 04 单击"开始"按钮，开始扫描，扫描结果如图6-50所示。在其中可以看到如下主机的SQL的弱口令。

SQL-> 猜解主机 192.168.0.7 端口 1433 ...sa:123

SQL-> 猜解主机 192.168.0.16 端口 1433 ...sa:NULL

图 6-50 "扫描结果"窗口

6.2.3 入侵SQL主机

在获得SQL服务器的管理员账号和密

码后，入侵者就已经获得了SQL服务器的最高权限，下面以流光自带的SQL工具为例介绍其入侵过程，具体的操作步骤如下。

Step 01 在流光的主窗口中选择"工具（T）"→"MSSQL工具"→"SQL远程命令"或直接使用快捷键Ctrl+Q，打开"SQL远程命令工具"对话框，在"主机"文本框中输入要连接主机的IP地址：192.168.0.7，然后输入用户名和密码，如图6-51所示。

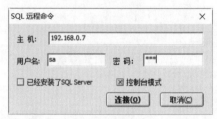

图 6-51 "SQL 远程命令"对话框

Step 02 单击"连接"按钮，如果用户名和密码正确，就会得到SQL服务器的命令窗口，在其中可以执行相应的DOS命令进而获取入侵主机的信息，如图6-52所示。

图 6-52 SQL 服务器命令窗口

6.2.4 弱口令入侵的防范

常见的弱口令指的是仅包含简单数字和字母的口令，如123、abc等，这样的口令很容易被别人破解，从而使用户的计算机面临风险，因此不推荐用户使用。用户口令最好由字母、数字和符号混合组成，并且至少要达到8位的长度。

用户设置的口令不够安全是获取弱口令的前提，因此在设置口令时应注意以下事项：

（1）杜绝使用空口令或系统默认的口令，因为这些口令众所周知，为典型的弱口令。

（2）口令长度不小于 8 个字符。

（3）口令不可为连续的某个字符（如：AAAAAAAA）或重复某些字符的组合（如：tzf.tzf.）。

（4）口令尽量为大写字母（A~Z）、小写字母（a~z）、数字（0~9）和特殊字符四类字符的组合。每类字符至少包含一个。如果某类字符只包含一个，那么该字符不应为首字符或尾字符。

（5）口令中避免包含本人、父母、子女和配偶的姓名和出生日期、纪念日期、登录名、电子邮箱地址等与本人有关的信息，以及字典中的单词。

（6）口令中避免使用数字或符号代替某些字母的单词。

6.3　实战演练

6.3.1　实战1：检测网站的安全性

360网站安全检测平台为网站管理者提供了网站漏洞检测、网站挂马实时监控、网站篡改实时监控等服务。

使用360网站安全检测平台检测网站安全的操作步骤如下。

Step 01 在浏览器中输入360网站安全检测平台的网址http://webscan.360.cn/，打开360网站安全的首页，在首页中输入要检测的网站地址，如图6-53所示。

图6-53　输入网站地址

Step 02 单击"检测一下"按钮，开始对网站

进行安全检测，并给出检测的结果，如图6-54所示。

图6-54　检测的结果

Step 03 如果检测出来网站存在安全漏洞，就会给出相应的评分，然后单击"我要更新安全得分"按钮，就会进入360网站安全修复界面，在对站长权限进行验证后，就可以修复网站安全漏洞了，如图6-55所示。

图6-55　修复网站安全漏洞

6.3.2　实战2：查看网站的流量

使用CNZZ数据专家可以查看网站流量，CNZZ数据专家是全球最大的中文网站统计分析平台，为各类网站提供免费、安全、稳定的流量统计系统与网站数据服务，帮助网站创造更大价值。使用CNZZ数据专家查看网站流量的具体操作如下。

Step 01 在浏览器中输入网址"http://www.cnzz.com/"，打开"CNZZ数据专家"网站的主页，如图6-56所示。

图 6-56　"CNZZ 数据专家"网主页

Step 02 单击"注册"按钮，进入创建用户界面，根据提示输入相关信息，如图6-57所示。

图 6-57　输入注册信息

Step 03 单击"同意协议并注册"按钮，注册成功并进入"添加站点"界面，如图6-58所示。

图 6-58　"添加站点"界面

Step 04 在"添加站点"界面中输入相关信息，如图6-59所示。

图 6-59　输入相关信息

Step 05 单击"确认添加站点"按钮，进入"站点设置"界面，如图6-60所示。

图 6-60　"站点设置"界面

Step 06 在"获取代码"选项的"统计代码"界面中单击"复制到剪切板"按钮，根据需要复制代码，如图6-61所示。

图 6-61　复制代码

Step 07 将代码插入到页面源码中，如图6-62所示。

图 6-62　插入源码

Step 08 保存并预览效果，单击"站长统计"超链接，如图6-63所示。

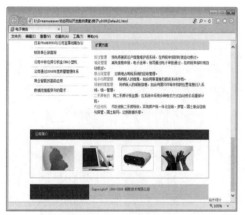

图 6-63　预览效果

Step 09 进入"查看用户登录"界面，在其中输入查看密码，如图6-64所示。

图 6-64　"查看用户登录"界面

Step 10 单击"查看数据"按钮，进入查看界面，可查看网站的浏览量，如图6-65所示。

图 6-65　查看网站的浏览量

第7章 远程入侵Windows系统

远程控制是在网络上由一台计算机（主控端/客户端）远距离去控制另一台计算机（被控端/服务器端）的技术。远程一般是指通过网络控制远端计算机，和操作自己的计算机一样。随着网络的高度发展，计算机的管理及技术支持的需要，远程操作及控制技术越来越引起人们的关注。本章就来介绍远程入侵Windows系统的方法以及防护技术。

7.1 IPC$的空连接漏洞

IPC$（Internet Process Connection）是Windows系统特有的一项管理功能，是微软公司专门为方便用户使用计算机而设计的，其主要的功能是管理远程计算机。如果入侵者能够与远程主机成功建立IPC$连接，就可以完全地控制该远程主机，此时入侵者即使不使用入侵工具，也可以实现远程管理Windows系统的计算机。

7.1.1 IPC$概述

IPC$是共享"命名管道"的资源。它是为了让进程间通信而开放的命名管道，通过提供可信任的用户名和口令，连接双方可以建立安全的通道并以此通道进行加密数据的交换，从而实现对远程计算机的访问。

Windows系统在安装完成之后，自动设置共享的目录为：C盘、D盘、E盘、F盘、Admin目录（C:\Windows）等，即为C$、D$、E$、F$、Admin$等。但这些共享是隐藏的，只有管理员可对其进行远程操作，在"命令提示符"窗口中键入"net share"命令，可查看本机共享资源，如图7-1所示。

图7-1 查看本机共享资源

7.1.2 认识空连接漏洞

IPC$本来要求客户机要有足够权限才能连接到目标主机，但IPC$连接漏洞允许客户端只使用空用户名、空密码即可与目标主机成功建立连接。在这种情况下，入侵者利用该漏洞可以与目标主机进行空连接，但无法执行管理类操作，如不能执行映射网络驱动器、上传文件、执行脚本等命令。虽然入侵者不能通过该漏洞直接得到管理员权限，但也可用来探测目标主机的一些关键信息，在"信息搜集"中发挥一定作用。

通过IPC$空连接获取信息的具体操作步骤如下：

Step 01 在"命令提示符"窗口中输入"net use \\192.168.3.25 "123" /user: "administrator""命令建立IPC$空连接，如果空连接建立成功，则会出现"命令成功完成"的提示信息，如图7-2所示。

图7-2 建立空连接

Step 02 在"命令提示符"窗口中输入"net time \\192.168.3.25"命令，可查看目标主机的时间信息，如图7-3所示。

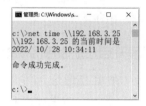

图7-3 查看目标主机的时间信息

7.1.3 IPC$安全解决方案

为了避免入侵者通过建立IPC$连接入侵计算机，需要采取一定的安全措施来确保自己的计算机安全，常见的解决方法是删除默认共享与关闭Server服务。

1. 删除默认共享

为阻止入侵者利用IPC$入侵，可先删除默认共享。具体方法为：在"计算机管理"窗口左窗格的功能树中单击"系统工具"→"共享文件夹"→"共享"分支，在右窗格中显示的就是本机共享文件夹，选择需要关闭共享的文件夹，然后右击鼠标，在弹出的快捷菜单中选择"停止共享"菜单项即可，如图7-4所示。

图7-4 停止共享

2. 关闭Server服务

如果关闭Server服务，IPC$和默认共享便不存在，具体操作方法为：选择"■"→"控制面板"→"管理工具"→"服务"菜单项，打开"服务管理器"窗口，在服务列表中选择Server服务，然后右击鼠标，在弹出的快捷菜单中选择"停止"选项即可，如图7-5所示。

图7-5 "停止"选项

另外，还可以使用"net stop server"命令来将其关闭，但只能当前生效一次，系统重启后Server服务仍然会自动开启，如图7-6所示。

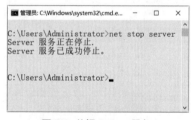

图7-6 关闭Server服务

7.2 通过注册表实现入侵

Windows注册表是帮助Windows控制硬件、软件、用户环境和Windows界面的一组数据文件。众多的恶意插件、病毒、木马等总会想尽办法修改系统的注册表，使得系统安全处于风险之中。如果能给注册表加一道安全屏障，那么，注册表的安全性就会提高。

7.2.1 查看注册表信息

注册表（Registry）是一个巨大的树状分层的数据库，记录了用户安装在机器上的软件和每个程序的相互关联关系，包含了计算机的硬件配置、自动配置的即插即用设备和已有的各种设备说明、状态属性以及各种状态信息和数据等。

查看注册表的方法很简单，在"运行"对话框中输入"regedit"命令，如图7-7所示。单击"确定"按钮，打开"注册表编辑器"窗口，在其中可查看注册表信息，如图7-8所示。

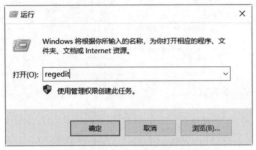

图 7-7 "regedit"命令

图 7-8 注册表信息

Windows的注册表有5大根键，介绍如下。

（1）HKEY_LOCAL_MACHINE。

包含关于本地计算机系统的信息，包括硬件和操作系统数据，如总线类型、系统内存、设备驱动程序和启动控制数据。

（2）HKEY_CLASSES_ROOT。

包含由各种OLE技术使用的信息和文件类别关联数据。

（3）HKEY_CURRENT_USER。

包含当前以交互方式登录的用户的配置文件，包括环境变量、桌面设置、网络连接、打印机和程序首选项。

（4）HKEY_USERS。

包含关于动态加载的用户配置文件和默认的配置文件的信息。

（5）HKEY_CURRENT_CONFIG。

包含在启动时由本地计算机系统使用的硬件配置文件的相关信息，该信息用于配置一些设置，如要加载的设备驱动程序和显示时要使用的分辨率。

7.2.2 远程开启注册表服务功能

入侵者一般都是通过远程进入目标主机注册表的，因此，如果要连接远程目标主机的"网络注册表"实现注册表入侵，除了能成功建立IPC$连接外，还需要远程目标主机已经开启了"远程注册表服务"。其具体的操作步骤如下。

Step 01 建立IPC$连接，如图7-2所示。

Step 02 在"计算机管理"的窗口中单击"服务和应用程序"→"服务"分支，选择"Remote Registry"文件，如图7-9所示。

图 7-9 "计算机管理"窗口

Step 03 右击"Remote Registry"文件并在弹出的快捷菜单中选择"属性"菜单项，打开"Remote Registry的属性（本地计算机属性）"对话框，在"常规"选项卡的"启动类型"下拉列表中选择"自动"类型，单击"应用"按钮，则"服务状态"组合框中的"启动"按钮将被激活，如图7-10所示。

图7-10 激活"启动"按钮

Step 04 单击"启动"按钮，就可以开启远程主机服务了，如图7-11所示。

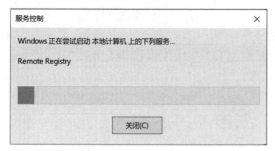

图7-11 启动注册表服务功能

7.2.3 连接远程主机的注册表

入侵者可以通过Windows自带的工具连接远程主机的注册表并进行修改，这会给远程计算机带来严重的伤害，在前面开启远程注册表服务的基础上连接远程主机的操作步骤如下。

Step 01 建立IPC$连接，然后在"注册表编辑器"窗口中选择"文件"→"连接网络注册表"菜单项，打开"选择计算机"对话框，在"输入要选择的对象名称"文本框中输入远程主机的IP地址，如图7-12所示。

图7-12 "选择计算机"对话框

Step 02 单击"确定"按钮，连接网络注册表成功，这样就可以通过该工具在本地修改远程注册表。这种方式得到的网络注册表只有两项，如图7-13所示。

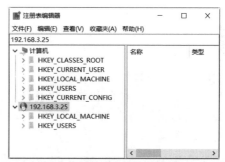

图7-13 连接网络注册表成功

Step 03 修改完远程主机的注册表后，要断开网络注册表。选择"192.168.3.25"，然后右击鼠标，在弹出的快捷菜单中选择"断开连接"选项即可断开网络注册表，如图7-14所示。

图7-14 断开网络注册表

7.2.4 优化并修复注册表

Registry Mechanic是一款"傻瓜型"注

册表检测修复工具。即使你一点都不懂注册表，也可以在几分钟之内修复注册表中的错误。使用Registry Mechanic修复注册表的具体操作步骤如下。

Step 01 下载并安装Registry Mechanic程序，并打开其工作界面，如图7-15所示。

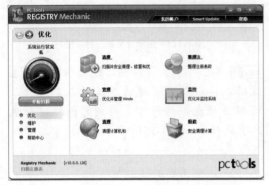

图 7-15　工作界面

Step 02 单击"开始扫描"按钮，打开"扫描结果"窗口，在其中显示了Registry Mechanic扫描注册表的进度和发现问题的个数，如图7-16所示。

图 7-16　"扫描结果"窗口

Step 03 扫描完成后，会在"扫描结果"窗口中显示扫描出来的问题列表，如图7-17所示。

Step 04 单击"修复"按钮，修复扫描出来的注册表错误信息。修复完毕后，将弹出修复完成的信息提示，如图7-18所示。

Step 05 在"修复完成"窗口中单击"继续"按钮，打开Registry Mechanic操作界面，如图7-19所示。

图 7-17　显示扫描出来的问题列表

图 7-18　修复完成的信息提示

图 7-19　Registry Mechanic 操作界面

Step 06 在左侧的设置区域中选择"管理"选项，打开"管理"设置界面，如图7-20所示。

Step 07 单击"设置"按钮，打开"设置"界面，在"选项"设置区域中选择"常规"选项，在右侧可以根据需要设置扫描并修复选项、是否打开日志文件以及语言等信息，如图7-21所示。

图 7-20 "管理"设置界面

图 7-23 "扫描路径"选项

图 7-21 "常规"选项

图 7-24 "忽略列表"选项

Step 08 选择"自定义扫描"选项，在右侧的"您希望自定义扫描期间扫描哪些分区？"列表中选择需要扫描的分区，如图7-22所示。

Step 11 选择"调度程序"选项，在右侧可以对任务的相关选项进行设置，如图7-25所示，单击"保存"按钮，保存设置。

图 7-22 "自定义扫描"选项

图 7-25 "调度程序"选项

Step 09 选择"扫描路径"选项，在右侧的"您希望扫描涵盖哪些位置？"列表中选择扫描的路径，如图7-23所示。

Step 10 选择"忽略列表"选项，在右侧可以通过"添加"按钮设置忽略的值和键，如图7-24所示。

7.3 实现远程计算机管理入侵

当入侵者与远程主机建立IPC$连接后，就可以控制该远程主机了。此时，入侵者可以使用Windows系统自带的"计算机管理"工具来远程管理目标主机。

7.3.1 计算机管理概述

计算机管理是管理工具集，可以用于管理单个的本地或远程计算机。有3种方法可以打开"计算机管理"窗口。

（1）在 Windows10 操作系统中，选择"■"→"控制面板"→"管理工具"→"计算机管理"菜单项，打开"计算机管理"窗口。

（2）右击桌面上的"此电脑"图标，在弹出的快捷菜单中选择"管理"菜单项，打开"计算机管理"窗口。

（3）通过在"运行"对话框中输入"compmgmt.msc"命令，打开"计算机管理"窗口。

"计算机管理"窗口中有 3 个项目，包括系统工具、存储以及服务和应用程序，如图 7-26 所示。

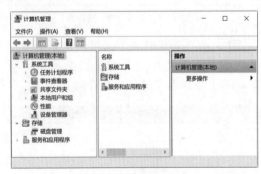

图 7-26 "计算机管理"窗口

可以使用"计算机管理"窗口做下列操作：

（1）监视系统事件，如登录时间和应用程序错误。

（2）创建和管理共享资源。

（3）查看已连接到本地或远程计算机的用户的列表。

（4）启动和停止系统服务，如"任务计划"和"索引服务"。

（5）设置存储设备的属性。

（6）查看设备的配置以及添加新的设备驱动程序。

（7）管理应用程序和服务。

7.3.2 连接到远程计算机并开启服务

在"计算机管理"窗口与远程主机建立连接，并在其中开启相应的任务，具体的操作步骤如下。

Step 01 在"计算机管理"窗口中选择"计算机管理"选项，然后右击，在弹出的快捷菜单中选择"连接到另一台计算机"菜单项，打开"选择计算机"对话框，选中"另一台计算机"单选按钮，输入目标计算机的IP地址，如图7-27所示。

图 7-27 "选择计算机"对话框

Step 02 单击"确定"按钮，在"计算机管理"窗口左侧"计算机管理"目录中显示目标计算机的IP地址，如图7-28所示。

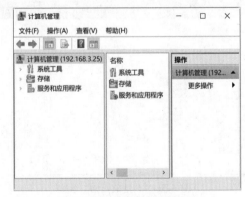

图 7-28 目标主机的 IP 地址

Step 03 单击"服务和应用程序"前面的"+"来展开项目，在展开项目中单击"服务"项目，然后在右边列表中选择Task Scheduler服务，如图7-29所示。

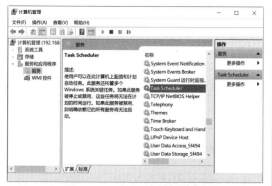

图 7-29　选择"Task Schduler"服务

Step 04 右击该服务，在弹出的快捷菜单中选择"属性"选项，打开"Task Scheduler 的属性（192.168.3.25）"对话框，把"启动类型"设置为"自动"选项，然后在"服务状态"中单击"启动"按钮来启动Task Scheduler服务，这样设置后，该服务会在每次开机时自动启动，如图7-30所示。

图 7-30　启动 Task Schduler 服务

7.3.3　查看远程计算机信息

在"计算机管理"窗口中列出了一些关于系统硬件、软件、事件、日志、用户等信息，这些信息对于主机的安全至关重要，计算机管理的远程连接为入侵者透露了相当多的软件和硬件信息。

1. 事件查看器

事件查看器用来查看关于"应用程序""安全性""系统"这3个方面的日志，事件查看器中显示事件的类型包括错误、警告、信息、成功审核、失败审核等，如图7-31所示。

图 7-31　事件查看器中的日志

（1）应用程序日志。

应用程序日志包含由应用程序或系统程序记录的事件。例如，数据库程序可在应用日志中记录文件错误。

（2）系统日志。

系统日志包含Windows系统组件记录的事件。例如，在启动过程将加载的驱动程序或其他系统组件的失败记录在系统日志中。

（3）安全日志。

安全日志可以记录安全事件，如有效的和无效的登录尝试，以及与创建、打开或删除文件等资源使用相关联的事件。

通过查看系统日志，管理员不仅能够得知当前系统的运行状况、健康状态，而且能够通过登录成功或失败审核来判断是否有入侵者尝试登录该计算机，甚至可以从这些日志中找出入侵者的IP地址。

2. 共享信息及共享会话

通过"计算机管理"可以查看主机的共享信息和共享会话。在"共享"中可以查看主机开放的共享资源，如图7-32所示。管理员也可以通过"会话"来查看计算机是否与远程主机存在IPC$连接，借此获取入侵者的IP地址。如图7-33所示，其中IP地址为"192.168.3.25"的计算机存在连接。

图 7-32　查看本机的开放资源

图 7-33　查看与远程主机存在的 IPC$ 连接

3. 用户和组

通过"计算机管理"窗口可以查看远程主机用户和组的信息，如图7-34所示。不过这里不能执行"新建用户"和"删除用户"操作。

图 7-34　查看用户和组

7.4　通过远程控制软件实现远程管理

在操作系统中加入了远程控制功能，这一功能本是方便用户的，但是却被黑客们利用，下面介绍通过远程控制软件实现远程管理的方法。

7.4.1　什么是远程控制

随着网络技术的发展，目前很多远程控制软件提供通过Web页面以Java技术来控制远程电脑，这样可以实现不同操作系统下的远程控制。

远程控制的应用体现在如下几个方面。

（1）远程办公。这种远程的办公方式不仅大大缓解了城市交通状况，还免去了人们上下班路上奔波的辛劳，更可以提高企业员工的工作效率和工作兴趣。

（2）远程技术支持。一般情况下，远距离的技术支持必须依赖技术人员和用户之间的电话交流来进行，这种交流既耗时又容易出错。有了远程控制技术，技术人员就可以远程控制用户的计算机，就像直接操作本地电脑一样，只需要用户的简单帮助就可以看到该机器存在问题的第一手材料，很快找到问题的所在并加以解决。

（3）远程交流。商业公司可以依靠远程技术与客户进行远程交流。采用交互式的教学模式，通过实际操作来培训用户，从专业人员那里学习知识就变得十分容易。教师和学生之间也可以利用这种远程控制技术实现教学问题的交流，学生可以直接在电脑中进行习题的演算和求解，在此过程中，教师能够看到学生的解题思路和步骤，并加以实时的指导。

（4）远程维护和管理。网络管理员或者普通用户可以通过远程控制技术对远端计算机进行安装和配置软件、下载并安装软件修补程序、配置应用程序和进行系统软件设置等操作。

7.4.2　Windows远程桌面功能

远程桌面功能是Windows系统自带的一种远程管理工具。它具有操作方便、直观等特征。如果目标主机开启了远程桌面连接功能，就可以在网络中的其他主机上连接控制这台目标主机了。具体操作步骤如下。

Step 01 右击"此电脑"图标，在弹出的快捷菜单中选择"属性"选项，打开"系统"窗口，如图7-35所示。

图7-35　"系统"窗口

Step 02 单击"远程设置"链接，打开"系统属性"对话框，在其中勾选"允许远程协助连接这台计算机"复选框，设置完毕后，单击"确定"按钮，完成设置，如图7-36所示。

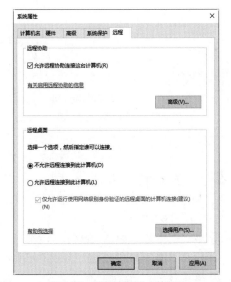

图7-36　"系统属性"对话框

Step 03 选择"■"→"Windows附件"→"远程桌面连接"菜单项，打开"远程桌面连接"窗口，如图7-37所示。

图7-37　"远程桌面连接"窗口

Step 04 单击"显示选项"按钮，展开即可看到选项的具体内容。在"常规"选项卡中的"计算机"下拉文本框中输入需要远程连接的计算机名称或IP地址；在"用户名"文本框中输入相应的用户名，如图7-38所示。

图7-38　输入连接信息

Step 05 选择"显示"选项卡，在其中可以设置远程桌面的大小、颜色等属性，如图7-39所示。

Step 06 如果需要远程桌面与本地计算机文件

进行传递，则需在"本地资源"选项卡下设置相应的属性，如图7-40所示。

图 7-39 "显示"选项卡

图 7-40 "本地资源"选项卡

Step 07 单击"详细信息"按钮，打开"本地设备和资源"对话框，在其中选择需要的驱动器后，单击"确定"按钮，返回"远程桌面设置"窗口，如图7-41所示。

图 7-41 选择驱动器

Step 08 单击"连接"按钮，进行远程桌面连接，如图7-42所示。

图 7-42 远程桌面连接

Step 09 单击"连接"按钮，弹出"远程桌面连接"对话框，在其中显示正在启动远程连接，如图7-43所示。

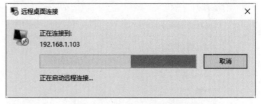

图 7-43 正在启动远程连接

Step 10 启动远程连接完成后，将弹出"Windows安全性"对话框，在其中输入密码，如图7-44所示。

Step 11 单击"确定"按钮，会弹出一个信息提示框，提示用户是否继续连接，如图7-45所示。

Step 12 单击"是"按钮，登录远程计算机桌面，此时可以在该远程桌面上进行任何操作，如图7-46所示。

图 7-44 输入密码

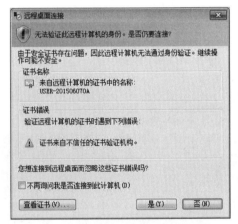

图 7-45 信息提示框

图 7-46 登录远程桌面

另外，在需要断开远程桌面连接时，只需在本地计算机中单击远程桌面连接窗口上的"关闭"按钮，弹出断开与远程桌面服务会话的连接提示框。单击"确定"按钮即可断开远程桌面连接，如图7-47所示。

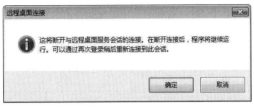

图 7-47 断开信息提示框

🔊提示：在进行远程桌面连接之前，需要双方都勾选"允许远程用户连接到此计算机"复选框，否则将无法成功创建连接。

7.4.3 使用QuickIP远程控制系统

对于网络管理员来说，往往需要使用一台计算机对多台主机进行管理，此时就需要用到多点远程控制技术，而QuickIP就是一款具有多点远程控制技术的工具。

1. 设置QuickIP服务端

由于QuickIP工具是将服务器端与客户端合并在一起的，所以在计算机中都是服务器端和客户端一起安装的，这也是实现一台服务器可以同时被多个客户机控制、一个客户机也可以同时控制多个服务器的原因。

配置QuickIP服务器端的具体操作步骤如下。

Step 01 在QuickIP成功安装后，打开QuickIP安装完成窗口，在其中可以设置是否启动QuickIP客户机和服务器，在其中勾选"立即运行QuickIP服务器"复选框，如图7-48所示。

图 7-48 QuickIP 安装完成窗口

Step 02 单击"完成"按钮，打开请立即修改密码提示框，为了实现安全的密码验证登录，QuickIP设定客户端必须知道服务器的登录密码才能进行登录控制，如图7-49所示。

图 7-49　提示修改密码

Step 03 单击"确定"按钮，打开"修改本地服务器的密码"对话框，在其中输入要设置的密码，如图7-50所示。

图 7-50　输入密码

Step 04 单击"确认"按钮，可看到"密码修改成功"提示框，如图7-51所示。

图 7-51　密码修改成功

Step 05 单击"确定"按钮，打开"QuickIP服务器管理"对话框，在其中即可看到"服务器启动成功"提示信息，如图7-52所示。

2. 设置QuickIP客户端

在设置完服务端之后，就需要设置QuickIP客户端。设置客户端相对比较简单，主要是在客户端中添加远程主机，具体操作步骤如下。

图 7-52　服务器启动成功

Step 01 选择"▦"→"所有应用"→"QuickIP"→"QuickIP客户机"菜单项，打开"QuickIP客户机"主窗口，如图7-53所示。

图 7-53　"QuickIP 客户机"主窗口

Step 02 单击工具栏中的"添加主机"按钮，打开"添加远程主机"对话框。在"主机"文本框中输入远程主机的IP地址，在"端口"和"密码"文本框中输入在服务器端设置的信息，如图7-54所示。

Step 03 单击"确定"按钮，在"QuickIP客户机"主窗口中的"远程主机"下可看到刚刚添加的IP地址了，如图7-55所示。

Step 04 单击该IP地址，从展开的控制功能列表中可看到远程控制功能十分丰富，这表示客户端与服务器端的连接已经成功，如

图7-56所示。

图 7-54 "添加远程主机"对话框

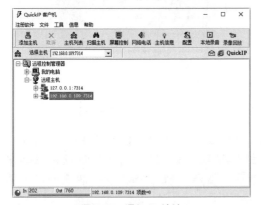

图 7-55 添加 IP 地址

图 7-56 客户端与服务器端连接成功

3. 实现远程控制系统

在成功添加远程主机之后，就可以利用QuickIP工具对其进行远程控制。由于QuickIP功能非常强大，这里只介绍几个常用的功能。实现远程控制的具体步骤如下。

Step 01 在"192.168.0.109：7314"栏目下单击"远程磁盘驱动器"选项，打开"登录

到远程主机"对话框，在其中输入设置的端口和密码，如图7-57所示。

图 7-57 输入端口和密码

Step 02 单击"确认"按钮，可看到远程主机中的所有驱动器。单击其中的D盘，可看到其中包含的文件，如图7-58所示。

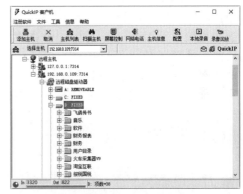

图 7-58 成功连接远程主机

Step 03 单击"远程控制"选项下的"屏幕控制"子项，稍等片刻后，可看到远程主机的桌面，在其中可通过鼠标和键盘来完成对远程主机的控制，如图7-59所示。

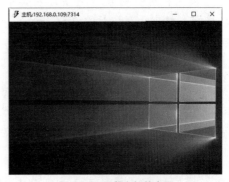

图 7-59 远程主机的桌面

Step 04 单击"远程控制"选项下的"远程主机信息"子项，打开"远程信息"窗口，在其中可看到远程主机的详细信息，如图7-60所示。

图 7-60 "远程信息" 窗口

Step 05 如果要结束对远程主机的操作，为了安全起见就应该关闭远程主机。单击"远程控制"选项下的"远程关机"子项，打开是否继续控制该服务器对话框。单击"是"按钮即可关闭远程主机，如图7-61所示。

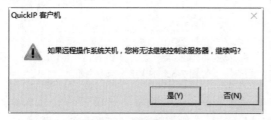

图 7-61 信息提示框

Step 06 在 "192.168.0.109：7314" 栏目下单击"远程主机进程列表"选项，在其中可看到远程主机中正在运行的进程，如图7-62所示。

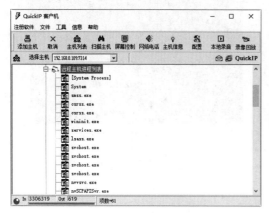

图 7-62 远程主机进程列表信息

Step 07 在 "192.168.0.109：7314" 栏目下单击"远程主机转载模块列表"选项，在其中可看到远程主机中装载模块列表，如图7-63所示。

图 7-63 远程主机转载模块列表信息

Step 08 在 "192.168.0.109：7314" 栏目下单击"远程主机的服务列表"选项，在其中可看到远程主机中正在运行的服务，如图7-64所示。

图 7-64 远程主机的服务列表信息

7.5 远程控制的安全防护技术

要想使自己的计算机不受远程控制入侵的困扰，就需要用户对自己的计算机进行相应的保护操作，如开启系统防火墙或安装相应的防火墙工具等。

7.5.1 开启系统Windows防火墙

为了更好地进行网络安全管理，Windows系统特意为用户提供了防火墙功能。如果能够巧妙地使用该功能，就可以根据实际需要允许或拒绝网络信息通过，从而达到防范攻击、保护系统安全的目的。

使用Windows自带防火墙的具体操作步骤如下。

Step 01 在"控制面板"窗口中双击"Windows防火墙"图标项，打开"Windows防火墙"窗口，其中显示此时Windows防火墙已经被开启，如图7-65所示。

图 7-65 "Windows 防火墙"窗口

Step 02 单击"允许程序或功能通过Windows防火墙"链接，在打开的窗口中可以设置哪些程序或功能允许通过Windows防火墙访问外网，如图7-66所示。

图 7-66 "允许的应用"窗口

Step 03 单击"更改通知设置"或"启用或关闭Windows防火墙"链接，在打开的"自定义设置"窗口中可以开启或关闭防火墙，如图7-67所示。

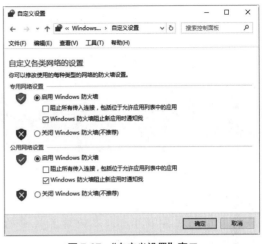

图 7-67 "自定义设置"窗口

Step 04 单击"高级设置"链接，进入"高级设置"窗口，在其中可以对入站、出站、连接安全等规则进行设定，如图7-68所示。

图 7-68 "高级安全 Windows 防火墙"窗口

7.5.2 关闭远程注册表管理服务

远程控制注册表主要是为了方便网络管理员对网络中的计算机进行管理，但这样却给黑客入侵提供了方便。因此，必须关闭远程注册表管理服务。具体的操作步骤如下。

Step 01 在"控制面板"窗口中双击"管理工

具"选项，进入"管理工具"窗口，如图
7-69所示。

图 7-69 "管理工具"窗口

Step 02 从中双击"服务"选项，打开"服务"窗口，在其中可看到本地计算机中的所有服务，如图7-70所示。

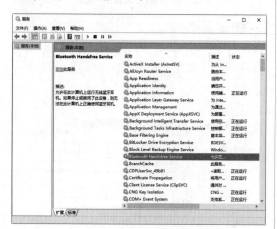

图 7-70 "服务"窗口

Step 03 在"服务"列表中选中Remote Registry选项并右击，在弹出的快捷菜单中选择"属性"菜单项，打开"Remote Registry的属性"对话框，如图7-71所示。

Step 04 单击"停止"按钮，打开"服务控制"提示框，提示Windows正在尝试停止本地计算上的一些服务，如图7-72所示。

Step 05 在停止服务之后，可返回"Remote Registry的属性"对话框，此时可看到"服务状态"已变为"已停止"，单击"确定"按钮即可完成关闭"允许远程注册表操作"服务的操作，如图7-73所示。

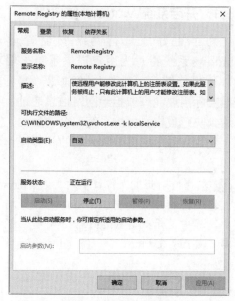

图 7-71 "Remote Registry 的属性"对话框

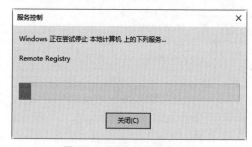

图 7-72 "服务控制"提示框

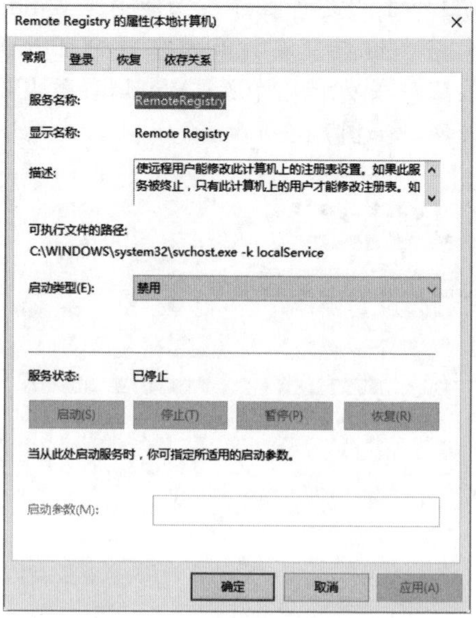

图 7-73 关闭远程注册表操作

7.5.3　关闭Windows远程桌面功能

关闭Windows远程桌面功能是防止黑客远程入侵系统的首要工作，具体的操作步骤如下。

Step 01 打开"系统属性"对话框，选择"远程"选项卡，如图7-74所示。

图7-74　"系统属性"对话框

Step 02 取消"允许远程协助连接这台计算机"复选框，选中"不允许远程连接到此计算机"单选按钮，然后单击"确定"按钮即可关闭Windows系统的远程桌面功能，如图7-75所示。

图7-75　关闭远程桌面功能

7.6　实战演练

7.6.1　实战1：禁止访问注册表

几乎计算机中所有针对硬件、软件、网络的操作都是源于注册表的，如果注册表被损坏，则整个电脑将会一片混乱，因此，防止注册表被修改是保护注册表的首要方法。

用户可以在组策略中禁止访问注册表编辑器，具体的操作步骤如下。

Step 01 选择"■"→"运行"菜单项，在打开的"运行"对话框中输入"gpedit.msc"命令，如图7-76所示。

图7-76　"运行"对话框

Step 02 单击"确定"按钮，打开"本地组策略编辑器"窗口，依次单击"用户配置"→"管理模板"→"系统"项，进入"系统"界面，如图7-77所示。

图7-77　"系统"界面

Step 03 双击"阻止访问注册表编辑工具"选项，打开"阻止访问注册表编辑工具"窗口。从中选中"已启用"单选按钮，然后单击"确定"按钮，完成设置操作，如图7-78所示。

图 7-78 "阻止访问注册表编辑工具"对话框

Step 04 选择"■"→"运行"菜单项，在弹出的"运行"对话框中输入"regedit.exe"命令，然后单击"确定"按钮，可看到"注册表编辑已被管理员禁用"提示信息。此时表明注册表编辑器已经被管理员禁用，如图7-79所示。

图 7-79 信息提示框

7.6.2 实战2：自动登录操作系统

在安装Windows10操作系统过程中，需要用户事先创建好登录账户与密码才能完成系统的安装，那么如何才能绕过密码而自动登录操作系统呢？具体的操作步骤如下。

Step 01 单击"■"按钮，在弹出的"开始"屏幕中选择"所有应用"→"Windows系统"→"运行"菜单命令，如图7-80所示。

图 7-80 "运行"菜单命令

Step 02 打开"运行"对话框，在"打开"文本框中输入control userpasswords2，如图7-81所示。

图 7-81 "运行"对话框

Step 03 单击"确定"按钮，打开"用户账户"对话框，在其中取消"要使用本计算机，用户必须输入用户名和密码"复选框的勾选状态，如图7-82所示。

Step 04 单击"确定"按钮，打开"自动登录"对话框，在其中输入本台计算机的用户名、密码信息，如图7-83所示。单击"确定"按钮，这样重新启动本台电脑后，系统就会不用输入密码而自动登录到操作系统当中了。

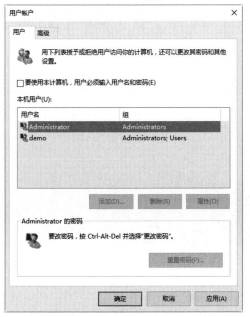

图 7-82　"用户账户"对话框

图 7-83　输入密码

第8章 系统进程与入侵隐藏技术

在进行网络攻击时，如果不进行隐藏保护，则在攻击的过程中很容易暴露自己的IP地址等相关信息，那么被入侵者或网络监测机关就可以根据系统日志、系统进程及其他方式找到入侵者。本章就来介绍系统进程与入侵隐藏技术，主要内容包括恶意进程的追踪与清除、常见的入侵隐藏技术。

8.1 恶意进程的追踪与清除

在使用计算机的过程中，用户可以利用专门的系统进程管理工具对计算机中的进程进行监测，以发现黑客的踪迹，及时采取相应的措施。

8.1.1 查看系统进程

进程是指正在运行的程序实体，并且包括这个运行的程序中占据的所有系统资源。用户通过查看系统进程有无异常，可以快速判断系统是否存在安全隐患，使用任务管理器可以查看进程，具体操作步骤如下。

Step 01 在Windows10系统桌面中，单击"⊞"按钮，在弹出的菜单列表中选择"任务管理器"菜单命令，如图8-1所示。

图 8-1 "任务管理器"菜单命令

Step 02 打开"任务管理器"窗口，在其中可看到当前系统正在运行的进程，如图8-2所示。

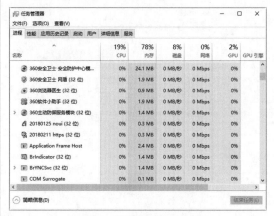

图 8-2 "任务管理器"窗口

Step 03 在进程列表中选择需要查看的进程，右击，在弹出的快捷菜单中选择"属性"菜单命令，如图8-3所示。

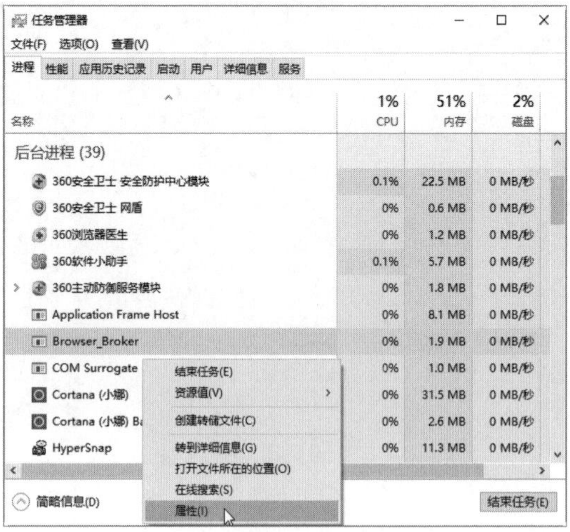

图 8-3 "属性"菜单命令

Step 04 弹出"browser_broker.exe属性"对话框，在此可以看到进程的文件类型、描述、位置、大小、占用空间等属性，如图8-4所示。

图 8-4 "进程"选项卡

8.1.2 查看进程起始程序

用户通过查看进程的起始程序，可以判断哪些进程是恶意进程。查看进程起始程序的具体操作步骤如下。

Step 01 在"命令提示符"窗口中输入查看进程起始程序的"Netstat –abnov"命令，如图8-5所示。

图 8-5 输入命令

Step 02 按Enter键，在反馈的信息中查看每个进程的起始程序或文件列表，这样就可以根据相关的知识来判断是否为病毒或木马

发起的程序，如图8-6所示。

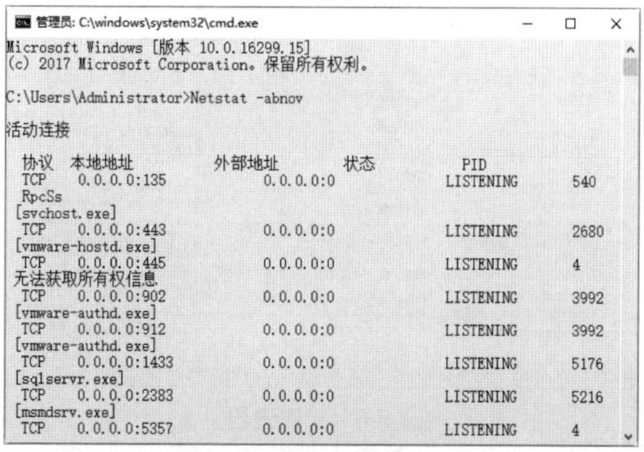

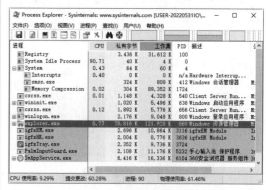

图 8-6 查看进程起始程序

8.1.3 查看系统隐藏进程

Process Explorer是一款增强型的任务管理器，用户可以使用它管理电脑中的程序进程，能强行关闭任何程序，包括系统级别的不允许随便终止的顽固进程。除此之外，它还详尽地显示计算机信息，如CPU、内存使用情况等。使用Process Explorer管理系统进程的操作步骤如下。

Step 01 双击下载的Process Explorer进程管理器，打开其工作界面，在其中可以查看当前系统中的进程信息，如图8-7所示。

图 8-7 查看进程信息

Step 02 选中需要结束的危险进程，选择"进程"→"结束进程"菜单命令，如图8-8所示。

Step 03 弹出信息提示框，提示用户是否确定要终止选中的进程，单击"确定"按钮，结束选中的进程，如图8-9所示。

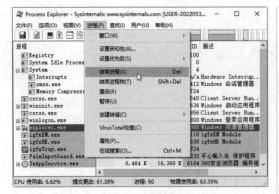

图8-8　结束进程

图8-9　信息提示框

Step 04 在Process Explorer进程管理器工作界面中，选择"进程"→"设置优先级"菜单命令，在弹出的子菜单中为选中的进程设置优先级，如图8-10所示。

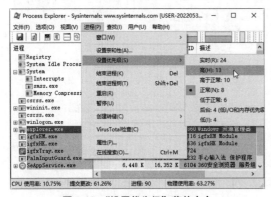

图8-10　"设置优先级"菜单命令

Step 05 利用进程查看器Process Explorer还可以结束进程树，在结束进程树之前，需要先在"进程"列表中选择要结束的进程树，右击鼠标，在弹出的快捷菜单中选择"结束进程树"选项，如图8-11所示。

Step 06 打开"你确定要终止进程树"提示，单击"确定"按钮结束选定的进程树，如

图8-12所示。

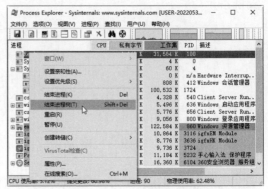

图8-11　"结束进程树"选项

图8-12　信息提示框

Step 07 在进程查看器Process Explorer中还可以设置进程的处理器关系，右击需要设置的进程，在弹出的快捷菜单中选择"设置亲和性"选项，打开"处理器亲和性"对话框。在其中勾选相应的复选框后，单击"确定"按钮即可设置勾选的CPU执行该进程，如图8-13所示。

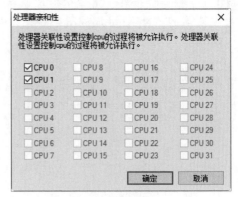

图8-13　"处理器亲和性"对话框

Step 08 在进程查看器Process Explorer中还可以查看进程的相应属性，右击需要查看属性的进程，在弹出的快捷菜单中选择"属

性"选项，打开"smss.exe:412属性"对话
框，如图8-14所示。

图8-17所示。

图 8-16 显示 dll 类型的进程

图 8-14 "smss.exe:412 属性"对话框

Step 09 在进程查看器Process Explorer中还
可以找到相应的进程。在Process Explorer主
窗口中选择"查找"→"查找进程或句柄"
菜单项，打开"Process Explorer搜索"对话
框，在其中文本框中输入dll，如图8-15所示。

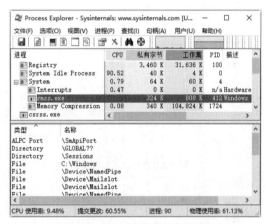

图 8-17 显示进程包含的句柄信息

Step 12 在Process Explorer进程管理器工
作界面中，单击工具栏中的CPU选项，打开
"系统信息"对话框，在CPU选项卡下可以查
看当前CPU的使用情况，如图8-18所示。

图 8-15 "Process Explorer 搜索"对话框

Step 10 单击"搜索"按钮，可列出本地计算机
中所有dll类型的进程，如图8-16所示。

Step 11 在进程查看器Process Explorer中可以
查看句柄属性。在Process Explorer主窗口的
工具栏中单击"显示下排窗口"按钮，然
后在"进程"列表中单击某个进程，可在
下面的窗格中显示该进程包含的句柄，如

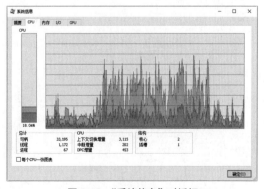

图 8-18 "系统信息"对话框

Step 13 选择"内存"选项卡，在其中可以查

看当前系统的系统提交比例、物理内存以及提交更改等信息，如图8-19所示。

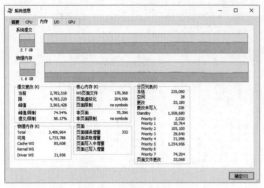

图 8-19 “内存”选项卡

Step 14 选择“I/O”选项卡，在其中可以查看当前系统的I/O信息，包括读取增量、写入增量、其他增量等，如图8-20所示。

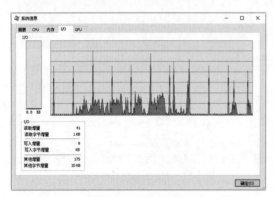

图 8-20 “I/O”选项卡

Step 15 选择GPU选项卡，在其中可以查看当前系统的GPU、专用显存和系统显存的使用情况，如图8-21所示。

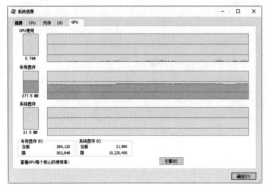

图 8-21 GPU 选项卡

Step 16 如果想要一次性查看当前系统信息，可以选择“摘要”选项卡，在打开的界面中可以查看当前系统的CPU、系统提交、物理内存、I/O的使用情况，如图8-22所示。

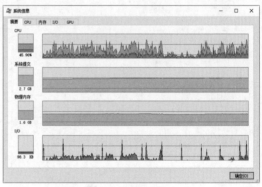

图 8-22 “摘要”选项卡

8.1.4 查看远程计算机进程

在“命令提示符”窗口中运行tasklist命令，可以查看远程计算机反馈回来的进程列表信息。这里要用到tasklist命令的三个参数：/s、/u、/p。

（1）“/s”：指定连接到的远程系统。

（2）“/u”：指定在哪个用户中执行tasklist命令。

（3）“/p”：指定用户密码。

例如，在“命令提示符”窗口中运行“tasklist /s 192.168.3.37 /u Administrator /p123”命令，可得到远程IP地址为“192.168.3.37”的计算机反馈回来的进程列表信息，如图8-23所示。

```
管理员: C:\Windows\system32\cmd.exe
C:\Users\Administrator>tasklist /s 192.168.3.37 /u Administrator /p 123"

映像名称                       PID 会话名              会话#       内存使用
========================= ======== ================ =========== ============
System Idle Process              0 Services                   0          8 K
System                           4 Services                   0         92 K
Secure System                   56 Services                   0     14,300 K
Registry                       104 Services                   0     31,892 K
smss.exe                       332 Services                   0        932 K
csrss.exe                      536 Services                   0      2,608 K
wininit.exe                    620 Services                   0      3,204 K
services.exe                   692 Services                   0      6,268 K
LsaIso.exe                     708 Services                   0      1,092 K
lsass.exe                      720 Services                   0     16,120 K
svchost.exe                    920 Services                   0      1,556 K
svchost.exe                    944 Services                   0     63,208 K
fontdrvhost.exe                968 Services                   0      2,288 K
svchost.exe                    456 Services                   0     11,640 K
svchost.exe                    520 Services                   0      6,652 K
svchost.exe                   1092 Services                   0      5,712 K
svchost.exe                   1120 Services                   0      1,788 K
svchost.exe                   1180 Services                   0      2,516 K
```

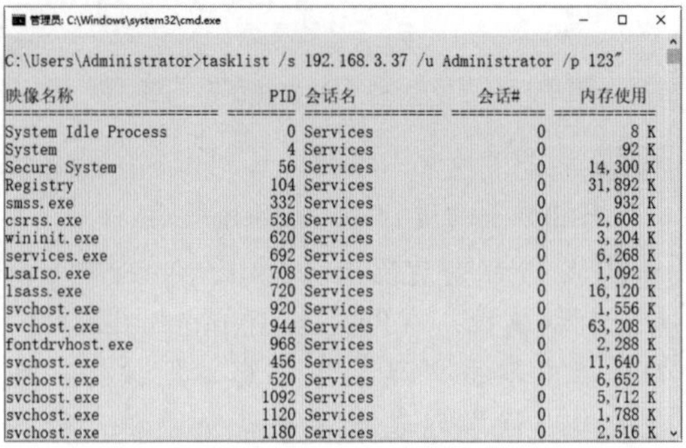

图 8-23 远程计算机列表

8.1.5 查杀系统中病毒进程

一般的进程都可以在"Windows资源管理器"中直接关闭，但有一些顽固的病毒进程却很不容易关闭，这时可以根据进程号或进程名进行查杀。具体操作步骤如下：

Step 01 在"命令提示符"窗口中输入tasklist命令，可显示本地计算机中运行的进程信息，包括进程名与PID值等，如图8-24所示。

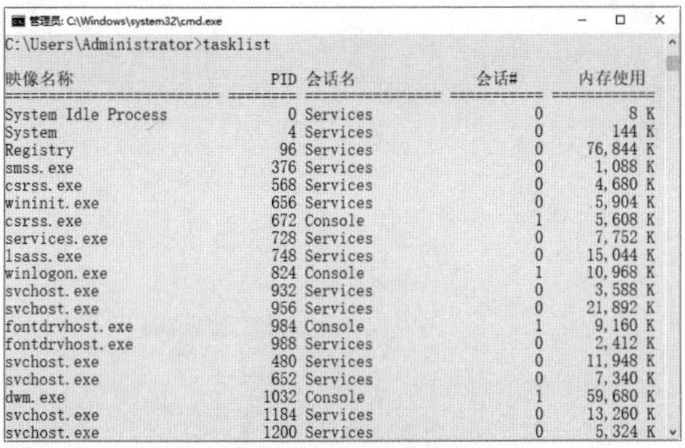

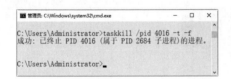

图 8-24　进程信息

Step 02 在"命令提示符"窗口中输入"taskkill /pid 4016 -t -f"命令，可强制关闭PID值为4016的进程，如图8-25所示。

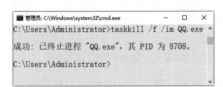

图 8-25　强制关闭 PID 值为 4016 的进程

Step 03 在"命令提示符"窗口中输入"taskkill /f /im QQ.exe"命令，可强制关闭进程名为"QQ"的进程，如图8-26所示。

图 8-26　关闭进程名为 QQ 的进程

8.2 入侵隐藏技术

黑客无论是出于什么样的目的进行攻击，都会给被入侵者造成一定的影响。因此，用户一般都会使用保护措施来隐藏自己的IP地址，以免直接暴露给远程主机/服务器，以实现自我保护，这就是入侵隐藏技术，而"代理"或"跳板"技术就是入侵者常用的隐藏手段。

8.2.1 获取代理服务器

使用代理服务器可以实现隐藏保护。代理服务器是介于浏览器和Web服务器之间的另一台服务器，其主要功能就是代理网络用户去取得网络信息，类似于网络信息的中转站。如图8-27所示即为代理服务器的工作流程。

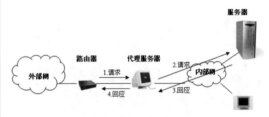

图 8-27　代理服务器的工作流程

目前，获取代理服务器的方法有很多，应用最为广泛就是使用搜索引擎，这里以百度为例，利用浏览器打开百度搜索，并输入关键字"免费代理服务器"之后，单击"百度一下"按钮，可找到许多免费代理服务的网站，如图8-28所示。用户可以进入代理网站，每个网站都有相应的代理记录。

图 8-28　搜索结果显示

除了在网络上获取代理服务器外，还可以使用"代理猎手"来获取。代理猎手是一款集搜索与验证于一身的软件，可以快速查找网络上的免费代理服务器，其主要特点为：支持多网址段、多端口自动查询；支持自动验证并给出速度评价等。

1. 添加搜索任务

在利用"代理猎手"查找代理服务器之前，还需要添加相应的搜索任务，具体的操作步骤如下。

Step 01 在启动代理猎手的过程中，"代理猎手"还会给出一些警告信息，如图8-29所示。

图 8-29　警告信息框

Step 02 单击"我知道了，快让我进去吧！"按钮，进入"代理猎手"窗口，如图8-30所示。

图 8-30　"代理猎手"窗口

Step 03 在"代理猎手"窗口中选择"搜索任务"→"添加任务"菜单项，可打开"添加搜索任务"对话框，在"任务类型"下拉列表中有"定时开始搜索""搜索完毕关机"和"搜索网址范围"三个下拉选项，这里选取"搜索网址范围"选项，如图8-31所示。

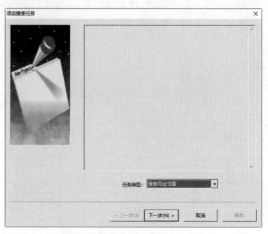

图 8-31　"添加搜索任务"对话框

Step 04 单击"下一步"按钮，进入"地址范围"设置界面，如图8-32所示。

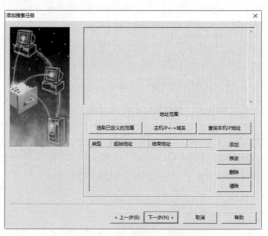

图 8-32　"地址范围"设置界面

Step 05 单击"添加"按钮，弹出"添加搜索IP范围"对话框，在其中根据实际情况设置IP地址范围，如图8-33所示。

Step 06 单击"确定"按钮，完成IP地址范围的添加，如图8-34所示。

图 8-33 设置搜索范围

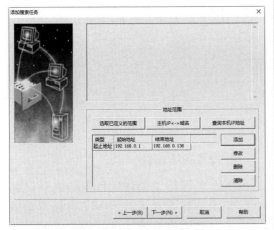

图 8-34 完成 IP 地址范围的添加

Step 07 在"地址范围"设置界面中若单击"选取已定义的范围"按钮，则可弹出"预定义的IP地址范围"对话框，如图8-35所示。

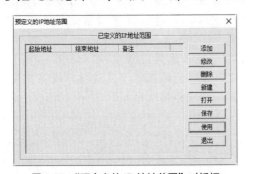

图 8-35 "预定义的 IP 地址范围"对话框

Step 08 单击"添加"按钮，可打开"添加搜索IP范围"对话框，如图8-36所示。

图 8-36 "添加搜索 IP 范围"对话框

Step 09 在其中根据实际情况设置IP地址范围并输入相应地址范围说明之后，单击"确定"按钮，可完成添加操作，如图8-37所示。

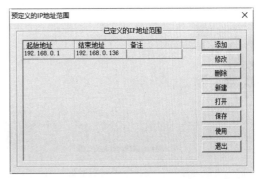

图 8-37 完成预定义的 IP 地址范围的添加

Step 10 如果在"预定义的IP地址范围"对话框中单击"打开"按钮，则可打开"读入地址范围"对话框，如图8-38所示。

图 8-38 "读入地址范围"对话框

Step 11 在其中选择"代理猎手"已预设IP地址范围的文件，并将其读入"预定义的IP地址范围"对话框中，在其中选择需要搜索的IP地址范围，如图8-39所示。

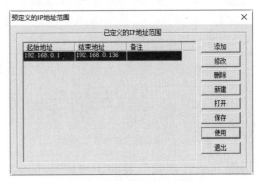

图 8-39 选择 IP 地址范围

Step 12 单击"使用"按钮，可将预设的IP地址范围添加到搜索IP地址范围中，如图8-40所示。

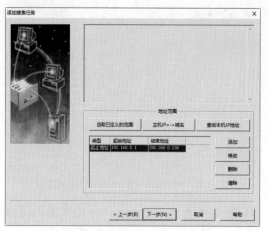

图 8-40　添加搜索 IP 地址范围

Step 13 单击"下一步"按钮，可打开"端口和协议"对话框，如图8-41所示。

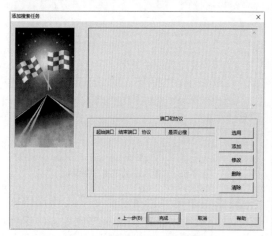

图 8-41　"端口和协议"对话框

Step 14 单击"添加"按钮，打开"添加端口和协议"对话框，在其中根据实际情况输入相应的端口，如图8-42所示。

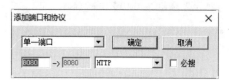

图 8-42　"添加端口和协议"对话框

Step 15 单击"确定"按钮，可完成添加操作，单击"完成"按钮，可完成搜索任务

的设置，如图8-43所示。

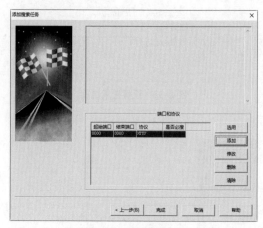

图 8-43　添加搜索任务

2. 设置各项参数

在设置好搜索的IP地址范围之后，就可以开始进行搜索了，但为了提高搜索效率，还有必要先设置一下代理猎手的各项参数，具体的操作步骤如下。

Step 01 在"代理猎手"窗口中选择"系统"→"参数设置"菜单项，打开"运行参数设置"对话框。在"搜索验证设置"选项卡中，可以设置"搜索设置""验证设置""局域网或拨号上网""搜索方法""其他设置"等选项（这里勾选"启用先Ping后连的机制"复选框以提高搜索效果），如图8-44所示。

图 8-44　"运行参数设置"对话框

提示： "代理猎手"默认的搜索、验证和Ping的并发数量分别为50、80和100，如果用户的带宽无法达到，就最好相应地减少各个并发数量，以减轻网络的负担。

Step 02 此外，用户还可以在"验证数据设置"选项卡中添加、修改和删除"验证资源地址"及其参数，如图8-45所示。

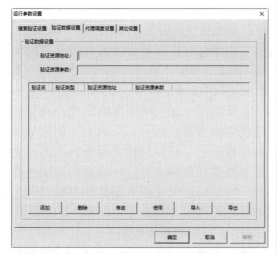

图8-45　"验证数据设置"选项卡

Step 03 在"代理调度设置"选项卡中还可以设置代理调度参数，以及代理调度范围等选项，如图8-46所示。

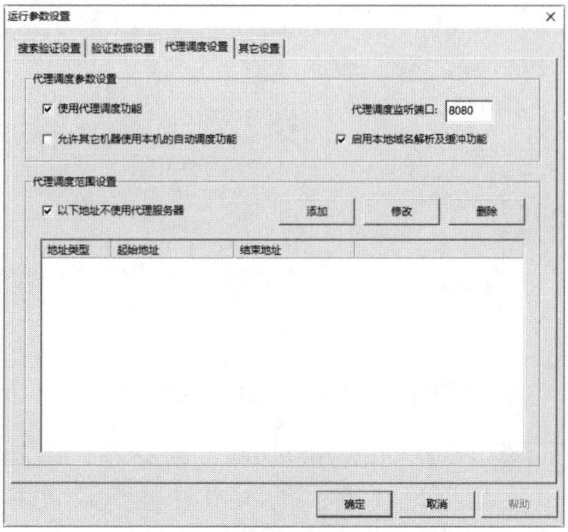

图8-46　"代理调度设置"选项卡

Step 04 在"其他设置"选项卡中可以设置拨号、搜索验证历史、运行参数等选项，如

图8-47所示。

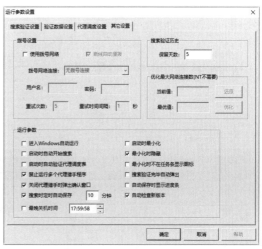

图8-47　"其他设置"选项卡

Step 05 在设置好代理猎手的各项参数之后，单击"确定"按钮，可返回"代理猎手"工作界面，如图8-48所示。

图8-48　"代理猎手"工作界面

3. 查看搜索结果

在搜索完毕之后，就可以查看搜索的结果了，具体的操作步骤如下。

Step 01 选择"搜索任务"→"开始搜索"菜单项，开始搜索设置的IP地址范围，如图8-49所示。

Step 02 选择"搜索结果"选项卡，其中"验证状态"为Free的代理，即为可以使用的代理服务器，如图8-50所示。

图 8-49 "搜索任务"选项卡

图 8-50 "搜索结果"选项卡

📢注意：一般情况下，验证状态为Free
的代理服务器很少，但只要验证状态为
"Good"就可以使用了。

Step 03 在找到可用的代理服务器之后，将其
IP地址复制到"代理调度"选项卡中，代理
猎手就可以自动为服务器进行调度了，多
增加几个代理服务器可以有利于网络速度
的提高，如图8-51所示。

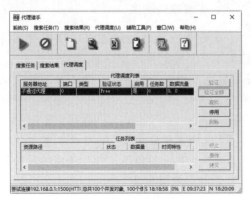

图 8-51 "代理调度"选项卡

📢注意：用户也可以将搜索到的可用代理
服务器IP地址和端口，输入到网页浏览器的
代理服务器设置选项中，这样，用户就可
以通过该代理服务器进行网上冲浪了。

8.2.2 设置代理服务器

用户在访问互联网上的Web服务器时，
Web浏览器会把一些有关用户个人信息在
用户毫无觉察的情况下悄悄地送往Web服务
器。如果这些信息被传送到某些恶意网站
的Web服务器上，就有可能为用户带来很多
意想不到的后果。

要想解决这一问题也很简单，只要通
过代理服务器（Proxy Server）访问Web
服务器即可。在使用代理服务器之前，还
需要设置代理服务器，在设置代理服务器
时，需要知道代理服务器地址和端口号，
这样在代理服务器设置栏中填入相应地址
和端口。具体操作步骤如下：

Step 01 在"控制面板"窗口中选择"网络和
Internet"超链接，进入"网络和Internet"
窗口，然后单击"Internet选项"，如图
8-52所示。

图 8-52 "Internet 选项"对话框

Step 02 打开"Internet选项"对话框，选择
"连接"选项卡，进入"连接"设置界
面，如图8-53所示。

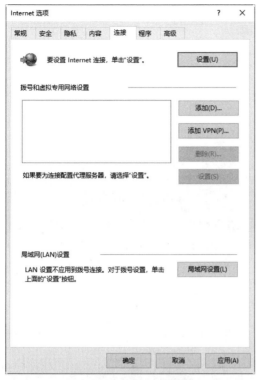

图 8-53　"连接"设置界面

Step 03 单击"局域网设置"按钮,打开"局域网设置"对话框,如图8-54所示。

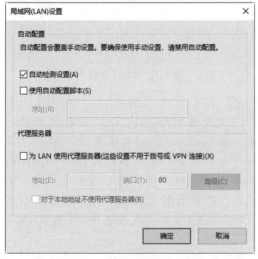

图 8-54　"局域网设置"对话框

Step 04 勾选"为LAN使用代理服务器(这些设置不会应用于拨号或VPN连接)"复选框,表示使用浏览器通过代理服务器访问,然后在地址栏中输入代理服务器的地

址和端口号,如图8-55所示。

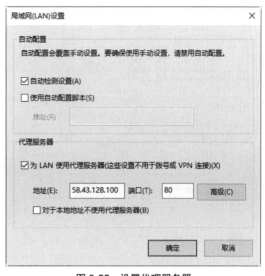

图 8-55　设置代理服务器

另外,代理服务器还可以去代理服务器发布网站中进行查找,那里有最新的代理服务器列表。比如找到一个代理服务器:58.43.128.120:80@HTTP,则这个代理服务器的IP地址就是:58.43.128.120,此时在"地址"文本框内输入这个地址即可。冒号后面的80是端口号,在"端口"文本框内填入80即可,而后面的@HTTP表示支持HTTP,也即这个代理服务器支持网页访问方式。

8.2.3　设置动态代理

SocksCap32代理软件是NEC公司制作的一款基于Socks协议的代理客户端软件,可将指定软件的任何Winsock调用转换成Socks协议的请求,并发送给指定的Socks代理服务器;通过Socks代理服务器可以连接到目标主机。

利用SocksCap32设置动态代理的具体操作步骤如下。

Step 01 双击桌面上的"SocksCap32"快捷图标,启动SocksCap32程序,将会弹出"SocksCap许可"提示框,如图8-56所示。

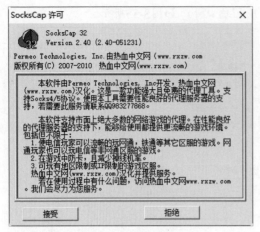

图 8-56 同意许可

Step 02 用户在单击"接受"按钮之后，进入SocksCap32的主窗口界面，如图8-57所示。

图 8-57 SocksCap32 的主窗口

Step 03 在SocksCap32安装完毕后，还需要建立应用程序标识内容。在SocksCap32的主窗口中单击"新建"按钮，弹出"新建应用程序标识项"对话框，在"标识项名称"文本框中输入新建标识项的名称，如图8-58所示。

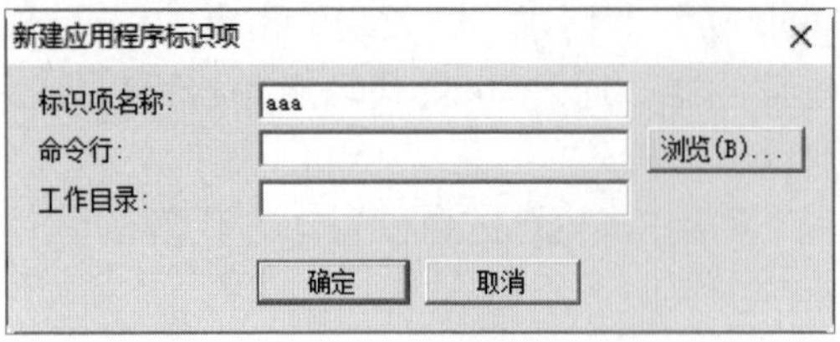

![新建应用程序标识项对话框]

图 8-58 "新建应用程序标识项"对话框

Step 04 单击"浏览"按钮，可在"选择需要代理的应用程序"对话框中选择需要代理的应用程序，如图8-59所示。

图 8-59 选择应用程序

Step 05 单击"打开"按钮，将所选项应用程序的文件名称和路径信息添加到"新建应用程序标识项"对话框中，再单击"确定"按钮，则该应用程序标识项即可添加完毕，如图8-60所示。

图 8-60 添加应用程序

Step 06 在添加好相应的应用程序标识项后，还需要对SocksCap32进行选项的设置。在SocksCap32的主窗口中选择"文件"→"设置"菜单项，打开"SocksCap设置"对话框，在其中可设置已经通过验证的代理服务器及其端口号，并可选择不同的SOCKS版本（通常选择"SOCKS版本5"），如图8-61所示。

Step 07 如果用户查找的代理服务器需要用户名和密码，且已经获得了该用户名和密码，则可勾选"用户名/密码"复选框。然后单击"确定"按钮，打开"用户名/密码"对话框，在其中填入用户名和密码，如图8-62所示。

118

图 8-61　"SocksCap 设置"对话框

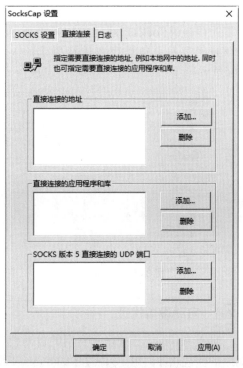

图 8-63　"直接连接"界面

SocksCap32 Socks5用户名/密码验证

SOCKS5用户名：　Administrator

SOCKS5密码：　　******

确定　　取消

图 8-62　输入用户名和密码

Step 08 在"SocksCap设置"对话框中选择
"直接连接"选项卡，打开"直接连接"
设置界面，如图8-63所示。在"直接连接的
地址"选项区中，可添加直接连接的IP地
址，如192.168.0.2，若是一个IP地址范围，
则可输入219.139.100.30。在"直接连接的
应用程序和库"选项区中，可以输入需要
直接连接的应用程序。在"SOCKS 版本5
直接连接的UDP端口"选项区中，可以设
置直接连接的UDP端口号。

Step 09 选择"日志"选项卡，打开"日志"设
置界面，在其中可以进行相应的设置，如图
8-64所示。单击"确定"按钮，保存设置，结
束对SocksCap32的选项设置操作。

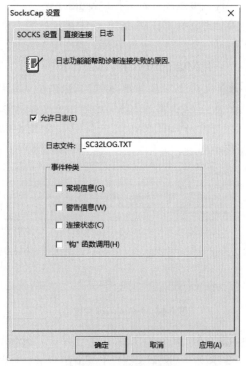

图 8-64　"日志"界面

Step 10 在设置好代理选项并添加好需要代
理的应用程序之后，再在应用程序列表中

选取需要运行的应用程序，然后选择"文件"→"通过Socks代理运行"菜单项，启动该应用程序并通过代理进行登录，如图8-65所示。

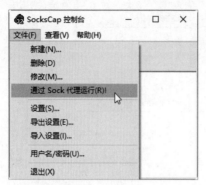

图8-65　开始运行

8.2.4　自动设置代理

MultiProxy是一款非常实用的自动代理调度的代理软件，用户只需在MultiProxy下配置已通过验证的代理，再定义好其他需要通过代理调度的软件，并指向MultiProxy即可。更换代理时只需在MultiProxy中进行变更，而不用再一个个地去进行更换，操作十分方便。

使用MultiProxy的具体操作步骤如下：

Step 01 从网上下载并解压缩MultiProxy压缩包之后，双击其中的MultiProxy可执行文件，打开MultiProxy的主窗口，如图8-66所示。

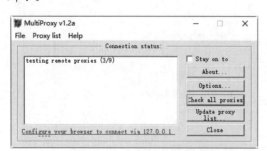

图8-66　MultiProxy 主窗口

Step 02 在MultiProxy的主窗口中单击"option（选项）"按钮，打开"options（选项）"对话框，在其中用户可以根据需要设置连接的端口号、连接的线程数量、连接代理服务器的方式、选择服务器、是否

测试服务器等选项，也可采用MultiProxy默认端口和其他选项，如图8-67所示。

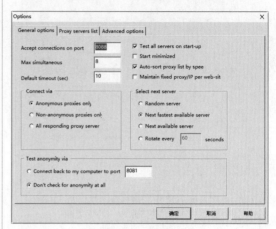

图8-67　Option 对话框

Step 03 在"Options（选项）"对话框中选择"Proxy servers list（代理服务器列表）"选项卡，在打开的界面中显示了各代理地址的状态，以绿灯标识为可用的代理，不可用的代理则以红灯标识。用户还可以查看代理服务器的连接状态，添加、编辑、删除代理服务器等，如图8-68所示。

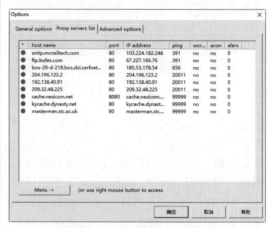

图8-68　"代理服务器列表"设置界面

Step 04 在"Options（选项）"对话框中选择"Advanced options（高级选项）"选项卡，在其中可检测并显示本机IP和机器名，还可以设置是否保存日志文件、空闲挂线时间设置、仅允许连接的IP地址等选项，如图8-69所示。

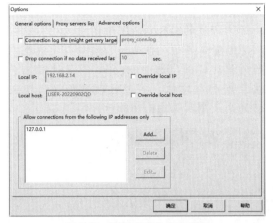

图 8-69 "高级选项"设置界面

⊘注意：在使用过程中，若发现代理列表状态全部为红灯，则可使用"启动时测试所有的服务器"功能进行检测，如果仍然不行，就需要考虑添加一些新的代理了。

Step 05 设置完毕之后，单击"确定"按钮，可将自己的设置保存到系统中。然后在打开的"Internet选项"对话框中选择"连接"选项卡，如图8-70所示。

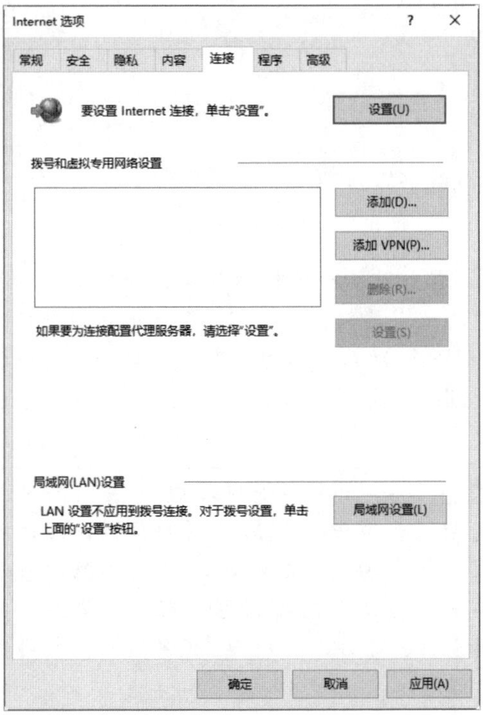

图 8-70 "连接"选项卡

Step 06 在"连接"选项卡中单击"局域网设置"按钮，打开"局域网（LAN）设置"对话框，勾选"自动检测设置"复选框，如图8-71所示。

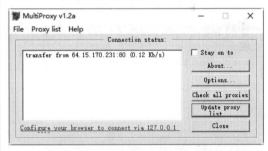

图 8-71 设置网络应用程序的代理服务器

Step 07 运行指定MultiProxy代理的网络应用程序时，在MultiProxy界面中可以清楚地看到正在被调用的代理服务器，如图8-72所示。

图 8-72 查看代理服务器调用状态

总之，MultiProxy工具可以为用户提供取之不尽、用之不竭的代理地址，使用Multi-Proxy设置的代理服务器，有着流畅的速度，而且只需配置一次即可长期使用。

8.2.5 使用代理跳板

跳板，顾名思义，就是利用一台或多台机器去攻击另一台主机。跳板不同于代理服务器，它一般仅供入侵者在入侵时隐藏自己时使用，而代理服务器则具有一定的共享性，可以被多数网民使用。

跳板和代理服务器相同的是，设置跳板时也可以借助于工具或软件，目前网络上存在有很多代理跳板，用户可以选择功能强大且自己熟悉的代理跳板软件。这里以Snake代理跳板为例，来具体介绍一下代理跳板的使用方法，具体的操作步骤如下。

Step 01 双击Snake代理跳板可执行文件，打开"Snake的代理跳板"主窗口，如图8-73所示。

Step 02 选择"配置"→"客户端"菜单项，打开"客户端设置"对话框，如图8-74所示。

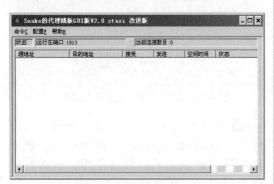

图8-73 "Snake 的代理跳板"主窗口

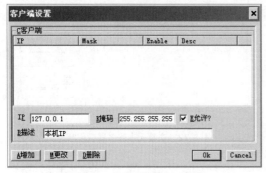

图8-74 "客户端设置"对话框

Step 03 在IP文本框中输入IP地址，在"掩码"文本框中输入"255.255.255.255"，然后勾选"E允许？"复选框，单击"增加"按钮，可将其添加到客户端列表中，如图8-75所示。单击OK按钮，完成对客户端的设置。

Step 04 在"Snake的代理跳板"主窗口中选

择"配置"→"经过的SkServer"菜单项，打开"经过的SkServer"对话框，在其中输入已经验证通过的IP地址、端口以及代理跳板的描述，并勾选"E允许？"复选框，单击"增加"按钮，将该代理添加到代理跳板的列表中，如图8-76所示。

图 8-75 客户端设置结果显示

图 8-76 "经过的 SkServer"对话框

Step 05 选取某个已经添加的代理跳板，单击"测试"按钮，打开Test SkServer对话框，如图8-77所示。单击"开始"按钮，检测该代理跳板是否能够正常连接，一个Y则表示使用一级跳板。

注意：如果要使用二级跳板，则可在代理列表框中选中需要作为二级跳板的代理，然后勾选"E允许？"复选框，最后单击"更改"按钮即可。在设置好经过的SkServer之后，再次单击OK按钮，即可完成设置。

Step 06 在"Snake的代理跳板"主窗口中选

择"配置"→"运行选项"菜单项，打开 Run Option Setting对话框，如图8-78所示。在其中的"服务运行端口"文本框中输入本软件的运行端口，然后根据需要勾选相应的复选框，最后单击OK按钮，结束设置操作。

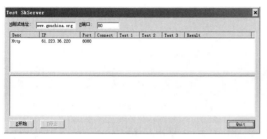

图 8-77　测试代理跳板

图 8-78　设置运行参数

这样，将代理跳板的所有选项都设置完毕后，就可以开始使用代理跳板了。选择"命令"→"开始"菜单项，启动用户设置的代理跳板，并可通过代理跳板来进行浏览网页、下载软件、运行QQ等工作。

8.3　实战演练

8.3.1　实战1：设置宽带连接方式

当申请ADSL服务后，当地电信运营销员工会主动上门安装ADSL MODEM并配置好上网设置，进而安装网络拨号程序，并设置上网客户端。ADSL的拨号软件有很多，但使用最多的还是Windows系统自带的拨号程序，即宽带连接，设置局域网中宽

带连接方式的操作步骤如下：

Step 01 右击"■"按钮，在弹出的快捷菜单中选择"Windows系统"→"控制面板"菜单命令，打开"控制面板"窗口，如图8-79所示。

图 8-79　"控制面板"窗口

Step 02 单击"网络和Internet"选项，打开"网络和Internet"窗口，如图8-80所示。

图 8-80　"网络和 Internet"窗口

Step 03 选择"网络和共享中心"选项，打开"网络和共享中心"窗口，在其中用户可以查看本机系统的基本网络信息，如图8-81所示。

Step 04 在"更改网络设置"区域中单击"设置新的连接或网络"超级链接，打开"设置连接或网络"对话框，在其中选择"连接到Internet"选项，如图8-82所示。

Step 05 单击"下一步"按钮，打开"你想使用一个已有的连接吗？"提示框，在其中

选中"否，创建新连接"单选按钮，如图8-83所示。

图 8-81 "网络和共享中心"窗口

图 8-82 "设置连接或网络"对话框

图 8-83 创建新连接

Step 06 单击"下一步"按钮，打开"你希望如何连接"对话框，如图8-84所示。

图 8-84 "你希望如何连接"对话框

Step 07 单击"宽带（PPoE）（R）"按钮，打开"键入你的Internet服务提供商（ISP）提供的信息"窗口，在"用户名"文本框中输入服务提供商的名字，在"密码"文本框中输入密码，如图8-85所示。

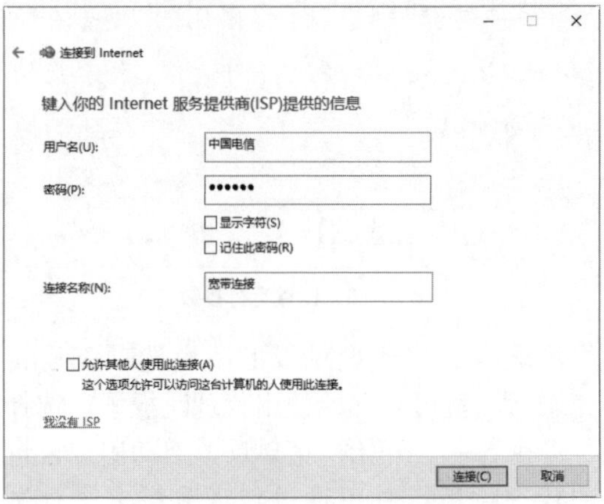

图 8-85 输入用户名与密码

Step 08 单击"连接"按钮，打开"连接到Internet"对话框，提示用户正在连接到宽带，并显示正在验证用户名和密码等信息，如图8-86所示。

Step 09 等待验证用户名和密码完毕后，如果正确，则弹出"登录"对话框。在"用户名"和"密码"文本框中输入服务商提供的用户名和密码，如图8-87所示。

Step 10 单击"确定"按钮即可成功连接，在"网络和共享中心"窗口中选择"更改适配器设置"选项，打开"网络连接"窗口，在其中可以看到"宽带连接"呈现已连接的状态，如图8-88所示。

图 8-86　验证用户名与密码

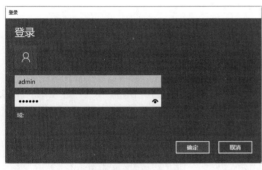

图 8-87　输入密码

图 8-88　"网络连接"窗口

8.3.2　实战2：诊断网络不通问题

当自己的计算机不能上网时，说明计算机与网络连接不通，这时就需要诊断和修复网络了，具体的操作步骤如下。

Step 01 打开"网络连接"窗口，右击需要诊断的网络图标，在弹出的快捷菜单中选择"诊断"选项，弹出"Windows网络诊断"对话框，并显示网络诊断的进度，如图8-89所示。

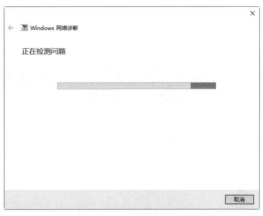

图 8-89　显示网络诊断的进度

Step 02 诊断完成后，将会在下方的窗格中显示诊断的结果，如图8-90所示。

图 8-90　显示诊断的结果

Step 03 单击"尝试以管理员身份进行这些修复"链接，开始对诊断出来的问题进行修复，如图8-91所示。

Step 04 修复完毕后，会给出修复的结果，提示用户疑难解答已经完成，并在下方显示已修复信息提示，如图8-92所示。

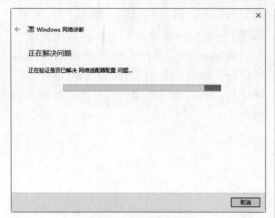

图 8-91　修复网络问题

图 8-92　显示已修复信息

第9章 局域网入侵与防御技术

随着信息时代的到来，计算机网络已进入各行各业，在给人们带来极大便利的同时，计算机网络的安全问题也日益突出，越来越受到人们的普遍重视。局域网的安全问题经常是面对来自网络的攻击，因此必须时刻防范这些恶意攻击，本章介绍局域网入侵与防御技术。

9.1 查看局域网信息

可以利用专门的局域网查看工具来查看局域网中各个主机的信息，所以本节将介绍两款非常方便实用的局域网查看工具。

9.1.1 使用LanSee查看

局域网查看（LanSee）是一款对局域网上的各种信息进行查看的工具。它集成了局域网搜索功能，可以快速搜索出计算机（包括计算机名，IP地址，MAC地址，所在工作组，用户）、共享资源、共享文件，可以捕获各种数据包（TCP、UDP、ICMP、ARP），甚至可以从流过网卡的数据中嗅探出QQ号码、音乐、视频、图片等文件。

使用该工具查看局域网中各种信息的具体操作步骤如下：

Step 01 双击下载的"局域网查看工具"程序，即可打开"局域网查看工具"主窗口，如图9-1所示。

Step 02 在工具栏中单击"工具选项"按钮，即可打开"选项"对话框，选择"搜索计算机"选项卡，在其中设置扫描计算机的起始IP地址段和结束IP地址段等属性，如图9-2所示。

Step 03 选择"搜索共享文件夹"选项卡，在其中即可添加和删除文件类型，如图9-3所示。

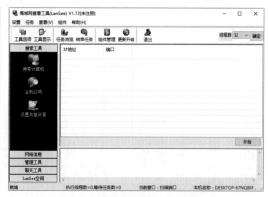

图 9-1 "局域网查看工具"主窗口

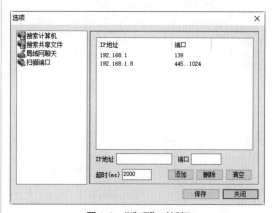

图 9-2 "选项"对话框

Step 04 选择"局域网聊天"选项卡，在其中可以设置聊天时使用的用户名和备注，如图9-4所示。

Step 05 选择"扫描端口"选项卡，在其中即可设置要扫描的IP地址、端口、超时等属性，设置完毕后单击"保存"按钮，即可保存各项设置，如图9-5所示。

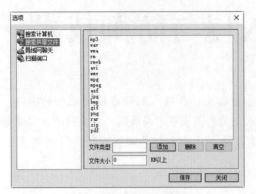

图 9-3　添加或删除文件类型

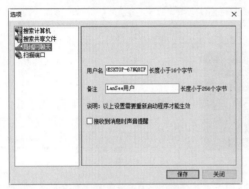

图 9-4　设置用户名和备注

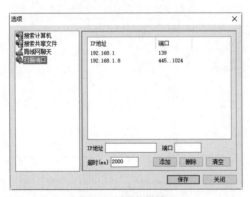

图 9-5　设置扫描端口

Step 06 在"局域网查看工具"主窗口中单击"开始"按钮，即可搜索出指定IP段内的主机，在其中即可看到各个主机的IP地址、计算机名、工作组、MAC地址等属性，如图9-6所示。

Step 07 如果想与某个主机建立连接，在搜索到的主机列表中右击该主机，在弹出的快捷菜单中选择"打开计算机"选项，即可打开"Windows安全"对话框，在其中输入

该主机的用户名和密码后，单击"确定"按钮，可以与该主机建立连接，如图9-7所示。

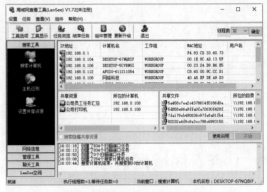

图 9-6　搜索指定 IP 段内的主机

图 9-7　"Windows 安全"对话框

Step 08 在"搜索工具"栏目下单击"主机巡测"按钮，即可打开"主机巡测"窗口，单击其中的"开始"按钮，即可搜索出在线的主机，在其中可看到在线主机的IP地址、MAC地址、最近扫描时间等信息，如图9-8所示。

图 9-8　搜索在线的主机

Step 09 在"局域网查看工具"中还可以对共享资源进行设置。在"搜索工具"栏目中单击"设置共享资源"按钮，即可打开"设置共享资源"窗口，如图9-9所示。

文件"选项，即可打开"建立新的复制任务"对话框，如图9-13所示。

图 9-11　添加共享文件夹

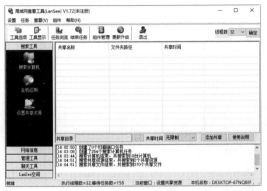

图 9-9　"设置共享资源"窗口

Step 10 单击"共享目录"文本框后的"浏览"按钮，即可打开"浏览文件夹"对话框，如图9-10所示。

图 9-10　"浏览文件夹"对话框

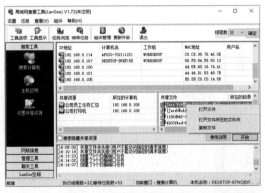

图 9-12　"搜索计算机"窗口

Step 11 在其中选择需要设置为共享文件的文件夹后，单击"确定"按钮，即可在"设置共享资源"窗口中看到添加的共享文件夹，如图9-11所示。

Step 12 在"局域网查看工具"中还可以进行文件复制操作，单击"搜索工具"栏目中的"搜索计算机"按钮，即可打开"搜索计算机"窗口，在其中即可看到前面添加的共享文件夹，如图9-12所示。

Step 13 在"共享文件"列表中右击需要复制的文件，在弹出的快捷菜单中选择"复制

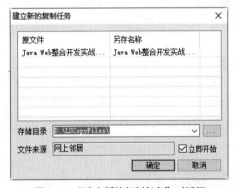

图 9-13　"建立新的复制任务"对话框

Step 14 设置存储目录并勾选"立即开始"复选框后，单击"确定"按钮即可开始复制选定的文件。此时单击"管理工具"栏目中的"复制文件"按钮，即可打开"复制文件"窗口，在其中即可看到刚才复制的文件，如图9-14所示。

图 9-14　查看复制的文件

Step 15 在"网络信息"栏目中可以查看局域网各个主机的网络信息。例如单击"活动端口"按钮后，在打开的"活动端口"窗口中单击"刷新"按钮，即可看到所有主机中正在活动的端口，如图9-15所示。

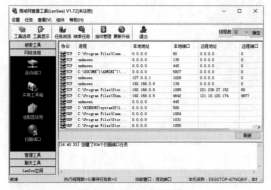

图 9-15　正在活动的端口

Step 16 如果想看到计算机的网络适配器信息，则需单击"适配器信息"按钮，即可在打开的"适配器信息"窗口中看到网络适配器的详细信息，如图9-16所示。

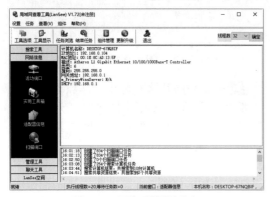

图 9-16　网络适配器的信息

Step 17 利用"局域网查看工具"还可以对远程主机进行远程关机和重启操作。单击"管理工具"栏目中的"远程关机"按钮，即可打开"远程关机"窗口，并单击"导入计算机"按钮，即可导入整个局域网中所有的主机，勾选主机前面的复选框后，单击"远程关机"按钮和"远程重启"按钮即可分别完成关闭和重启远程计算机的操作，如图9-17所示。

图 9-17　"远程关机"窗口

Step 18 在"局域网查看工具"还可以给指定的主机发送消息。单击"管理工具"栏目中的"发送消息"按钮，即可打开"发送消息"窗口，并单击"导入计算机"按钮，即可导入整个局域网中所有的主机，如图9-18所示。

图 9-18　"发送消息"窗口

Step 19 选择要发送消息的主机后，在"发送消息"文本区域中输入要发送的消息，然后单击"发送"按钮，即可将这条消息发送给指定的用户，此时即可看到该主机的"发送状态"是"正在发送"，如图9-19所示。

图 9-19　发送消息给指定的用户

Step 20 选择"聊天工具"栏目，在其中即可与局域网中用户进行聊天，还可以共享局域网中的文件。如果想和局域网中用户聊天，则需单击"局域网聊天"按钮，即可打开"局域网聊天"窗口，如图9-20所示。

图 9-20　"局域网聊天"窗口

Step 21 在下面的"发送信息"区域中编辑要发送的消息后，单击"发送"按钮，即可将该消息发送出去，此时在"局域网聊天"窗口中即可看到发送的消息，该模式类似于QQ聊天，如图9-21所示。

图 9-21　发送消息

Step 22 单击"文件共享"按钮，即可打开"文件共享"窗口，即可进行用户共享、复制文件、添加共享等操作，如图9-22所示。

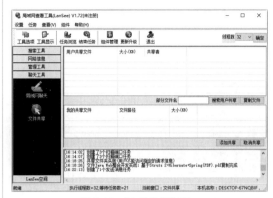

图 9-22　"文件共享"窗口

9.1.2　使用IPBooK查看

IPBook（超级网络邻居）是一款小巧的搜索共享资源及FTP共享的工具，软件自解压后就能直接运行。它还有许多辅助功能，如发送短信等，并且所有功能不限于局域网，可以在互联网使用。使用该工具的具体操作步骤如下：

Step 01 双击下载的"IPBook"应用程序，打开"IPBook正式注册版（超级网络邻居）"主窗口，在其中即可自动显示本机的IP地址和计算机名，其中192.168.0.104和192.168.0的分别是本机的IP地址与本机所处的局域网的IP范围，如图9-23所示。

图 9-23　"IPBook 正式注册版（超级网络邻居）"主窗口

Step 02 在IPBook工具中可以查看本网段所有机器的计算机名与共享资源。在"IPBook

正式注册版（超级网络邻居）"主窗口
中，单击"扫描一个网段"按钮，几秒钟之
后，本机所在的局域网所有在线计算机的详
细信息将显示在左侧列表框中，如图9-24所
示，其中包含IP地址、计算机名、工作组、
信使名等信息。

册版（超级网络邻居）"主窗口看到该命
令的运行结果，如图9-27所示。根据得到的
信息来判断目标计算机的操作系统类型。

图 9-26　"短信群发"对话框

图 9-24　局域网所有在线主机

Step 03 在显示出所有计算机信息后，单击
"点验共享资源"按钮，即可查出本网段
机器的共享资源，并将搜索的结果显示在
右侧的树状显示框中，如图9-25所示在搜
索之前还可以设置是否同时搜索HTTP、
FTP、隐藏共享服务等。

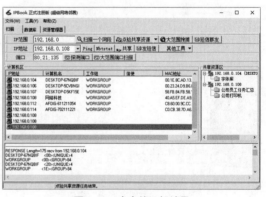

图 9-27　命令的运行结果

Step 06 在计算机区列表中选择某台计算机，
单击Nbtstat按钮，即可在"IPBook正式注
册版（超级网络邻居）"主窗口看到该主
机的计算机名称，如图9-28所示。

图 9-25　共享资源信息

Step 04 在IPBook工具中还可以给目标网段发
送短信，在"IPBook正式注册版（超级网
络邻居）"主窗口中单击"短信群发"按
钮，即可打开"短信群发"对话框，如图
9-26所示。

Step 05 在"计算机区"列表中选择某台计算
机，单击ping按钮，即可在"IPBook正式注

图 9-28　计算机名称信息

Step 07 单击"共享"按钮，即可对指定的网络段的主机进行扫描，并把扫描到的共享资源显示出来，如图9-29所示。

图 9-29　共享资源

Step 08 IPBook工具还具有将域名转换为IP地址的功能，在"IPBook正式注册版（超级网络邻居）"主窗口中单击"其他工具"按钮，在弹出的快捷菜单中选择"域名、IP地址转换"→"IP->Name"菜单项，即可将IP地址转换为域名，如图9-30所示。

图 9-30　IP 地址转换为域名

Step 09 单击"探测端口"按钮，即可探测整个局域网中各个主机的端口，同时将探测的结果显示在下面的列表中，如图9-31所示。

Step 10 单击"大范围端口扫描"按钮，即可打开"扫描端口"对话框，选中"IP地址起止范围"单选按钮后，将要扫描的IP地址范围设置为192.168.000.001~192.168.000.254，最后将要扫描的端口设置为80,21，如图9-32所示。

图 9-31　探测主机的端口

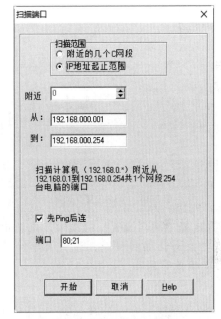

图 9-32 "扫描端口"对话框

Step 11 单击"开始"按钮，即可对设定IP地址范围内的主机进行扫描，同时将扫描到的主机显示在下面的列表中，如图9-33所示。

Step 12 在使用IPBook工具过程中，还可以对该软件的属性进行设置。在"IPBook正式注册版（超级网络邻居）"主窗口中选择"工具"→"选项"菜单项，即可打开"设置"对话框，在"扫描设置"选项卡中，在设置"Ping设置"和"解析计算机名的方式"属性，如图9-34所示。

图 9-33　扫描主机信息

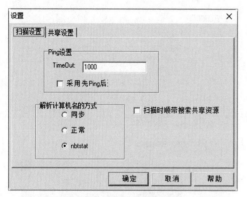

图 9-34　"扫描设置"选项

Step 13 选择"共享设置"选项卡，在其中即可设置最大扫描线程数、搜索共享时的顺带搜索项目等属性，如图9-35所示。

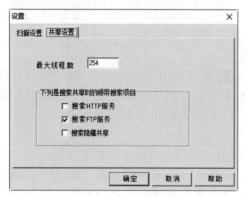

图 9-35　"共享设置"选项

9.2　ARP欺骗与防御

ARP是Address Resolution Protocol（地

址解析协议）的缩写。ARP的基本功能就是通过目标设备的IP地址，查询目标设备的MAC地址，以保证通信的顺利进行。

9.2.1　ARP欺骗攻击

使用WinArpAttacker工具可以对网络进行ARP欺骗攻击，除此之外，利用该工具还可以实现对ARP机器列表的扫描。具体操作步骤如下：

Step 01 下载WinArpAttacker软件，双击其中的"WinArpAttacker.exe"程序打开WinArpAttacker主窗口，选择"扫描"→"高级"菜单项，如图9-36所示。

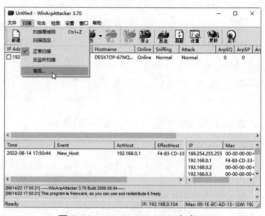

图 9-36　WinArpAttacker 主窗口

Step 02 打开"扫描"对话框，从中可以看出有扫描主机、扫描网段、多网段扫描等3种扫描方式，如图9-37所示。

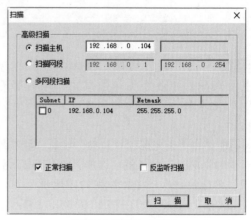

图 9-37 "扫描"对话框

Step 03 在"扫描"对话框中选中"扫描主机"单选按钮，并在后面的文本框中输入目标主机的IP地址，例如192.168.0.104，然后单击"扫描"按钮，可获得该主机的MAC地址，如图9-38所示。

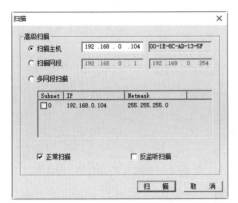

图9-38 主机的 MAC 地址

Step 04 选中"扫描网段"单选按钮，在IP地址范围的文本框中输入扫描的IP地址范围，如图9-39所示。

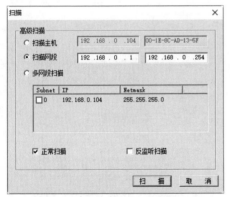

图9-39 输入扫描 IP 地址范围

Step 05 单击"扫描"按钮即可进行扫描操作，当扫描完成时会出现一个"Scanning successfully！（扫描成功）"对话框，如图9-40所示。

图9-40 信息提示框

Step 06 单击"确定"按钮，返回WinArpAttacker主窗口，在其中即可看到扫描结果，如图9-41所示。

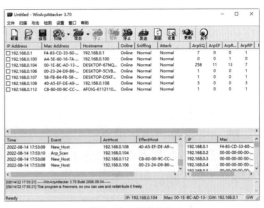

图9-41 扫描结果

Step 07 在扫描结果中勾选要攻击的目标计算机前面的复选框，然后在WinArpAttacker主窗口中单击"攻击"下拉按钮，在其弹出的快捷菜单中选择任意选项就可以对其他计算机进行攻击了，如图9-42所示。

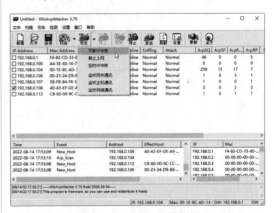

图9-42 "攻击"快捷菜单

在WinArpAttacker中有以下6种攻击方式。

- 不断IP冲突：不间断的IP冲突攻击，FLOOD攻击默认是1000次，可以在选项中改变这个数值。FLOOD攻击可使对方机器弹出IP冲突对话框，导致死机。
- 禁止上网：禁止上网，可使对方机器不能上网。
- 定时IP冲突：定时的IP冲突。
- 监听网关通信：监听选定机器与网

关的通信，监听对方机器的上网流量。发动攻击后用抓包软件来抓包看内容。

- 监听主机通信：监听选定的几台机器之间的通信。
- 监听网络通信：监听整个网络任意机器之间的通信。这个功能过于危险，可能会把整个网络搞乱，建议不要乱用。

Step 08 如果选择"不断IP冲突"选项，可使目标计算机不断弹出"IP地址与网络上其他系统有冲突"提示框，如图9-43所示。

图9-43　IP冲突信息

Step 09 如果选择"禁止上网"选项，此时在WinArpAttacker主窗口就可以看到该主机的"攻击"属性变为BanGateway，如果想停止攻击，则需在WinArpAttacker主窗口选择"攻击"→"停止攻击"菜单项进行停止，否则攻击将会一直进行，如图9-44所示。

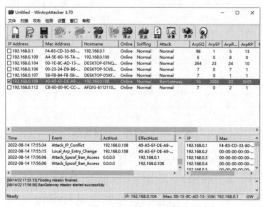

图9-44　停止攻击

Step 10 在WinArpAttacker主窗口中单击"发送"按钮即可打开"手动发送ARP包"对话框，在其中设置目标硬件Mac、Arp方向、源硬件Mac、目标协议Mac、源协议Mac、目标IP和源IP等属性后，单击"发送"按钮即可向指定的主机发送Arp数据

包，如图9-45所示。

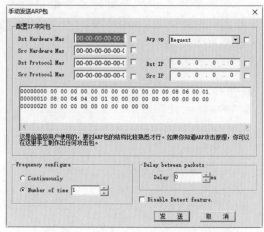

图9-45　"手动发送ARP包"对话框

Step 11 在WinArpAttacker主窗口中选择"设置"菜单项，然后在弹出的快捷菜单中选择任意一项即可打开"Options（选项）"对话框，在其中对各个选项卡进行设置，如图9-46所示。

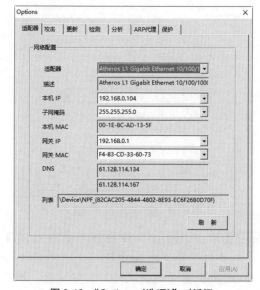

图9-46　"Options（选项）"对话框

9.2.2　防御ARP攻击

使用绿盾ARP防火墙可以防御ARP攻击。绿盾ARP防火墙能够双向拦截ARP欺骗攻击包，监测锁定攻击源，时刻保护局域网用户计算机的正常上网数据流向，

是一款适于个人用户的反ARP欺骗保护工具。使用绿盾ARP防火墙的具体操作步骤如下。

Step 01 下载并安装绿盾ARP防火墙，打开其主窗口，在"运行状态"选项卡下可以看到攻击来源主机IP地址及MAC、网关信息、拦截攻击包等信息，如图9-47所示。

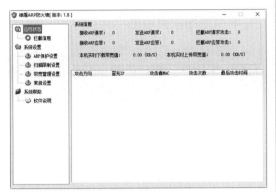

图 9-47　绿盾 ARP 防火墙

Step 02 在"系统设置"选项卡下，选择"ARP保护设置"选项，可以对绿盾ARP防火墙各个属性进行设置，如图9-48所示。

图 9-48　"系统设置"选项卡

Step 03 如果选中"手工输入网关MAC地址"单选按钮，然后单击"手工输入网关MAC地址"按钮，则打开"网关MAC地址输入"对话框，在其中输入网关IP地址与MAC地址。一定要把网关的MAC地址设置正确，否则将无法上网，如图9-49所示。

Step 04 单击"添加"按钮，完成网关的添加操作，如图9-50所示。

图 9-49　"网关 MAC 地址输入"对话框

图 9-50　添加网关

💡提示：根据ARP攻击原理，攻击者就是通过伪造IP地址和MAC地址来实现ARP欺骗的，而绿盾ARP防火墙的网关动态探测和识别功能可以识别伪造的网关地址，动态获取并分析判断后为运行ARP防火墙的计算机绑定正确的网关地址，从而时刻保证本机上网数据的正确流向。

Step 05 选择"扫描限制设置"选项，在打开的界面中可以对扫描各个参数进行限制设置，如图9-51所示。

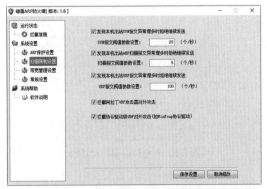

图 9-51　"扫描限制设置"选项

Step 06 选择"带宽管理设置"选项，在打开的界面中可以启用公网带宽管理功能，在其中设置上传或下载带宽限制值，如图9-52所示。

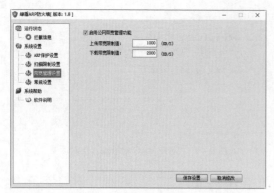

图 9-52 "带宽管理设置"选项

Step 07 选择"常规设置"选项，在其中可以对常规选项进行设置，如图9-53所示。

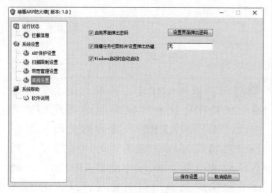

图 9-53 "常规设置"选项

Step 08 单击"设置界面弹出密码"按钮，在弹出的"密码设置"对话框中可以对界面弹出密码进行设置，输入完毕后，单击"确定"按钮即可完成密码的设置，如图9-54所示。

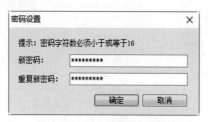

图 9-54 "密码设置"对话框

📢提示：在ARP攻击盛行的当今网络中，绿盾ARP防火墙不失为一款好用的反ARP欺骗保护工具，使用该工具可以有效地保护自己系统免遭欺骗。

9.3　DNS欺骗与防御

DNS欺骗，即域名信息欺骗，是最常见的DNS安全问题。当一个DNS服务器掉入陷阱，使用了来自一个恶意DNS服务器的错误信息，那么该DNS服务器就被欺骗了。

9.3.1　DNS欺骗攻击

在Windows 10系统中，用户可以在"命令提示符"窗口中输入nslookup命令来查询DNS服务器的相关信息，如图9-55所示。

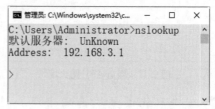

图 9-55　查询 DNS 服务器

1. DNS欺骗原理

如果可以冒充域名服务器，再把查询的IP地址设置为攻击者的IP地址，用户上网就只能看到攻击者的主页，而不是用户想去的网站主页，这就是DNS欺骗的基本原理。DNS欺骗并不是要黑掉对方的网站，而是冒名顶替，从而实现其欺骗目的。和IP欺骗相似，DNS欺骗的技术在实现上仍然有一定的困难，为克服这些困难，有必要了解DNS查询包的结构。

在DNS查询包中有个标识IP地址，其作用是鉴别每个DNS数据包的印记，从客户端设置，由服务器返回，使用户匹配请求与响应。如某用户在浏览器地址栏中输入www.baidu.com，如果黑客想通过假的域名服务器（如220.181.6.20）进行欺骗，就要在真正的域名服务器（220.181.6.18）返回响应前，先给出查询的IP地址，如图9-56所示。

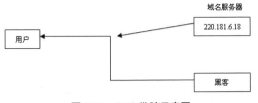

图 9-56 DNS 欺骗示意图

图9-56很直观，就是在真正的域名服务器220.181.6.18前，黑客给用户发送一个伪造的DNS信息包。但在DNS查询包中有一个重要的域就是标识IP地址，如果要发送伪造的DNS信息包不被识破，就必须伪造出正确的IP地址。如果无法判别该标记，DNS欺骗将无法进行。只要在局域网上安装有嗅探器，通过嗅探器就可以知道用户的IP地址。但要是在互联网上实现欺骗，就只有发送大量一定范围的DNS信息包，来提高得到正确IP地址的机会。

2. DNS欺骗的方法

网络攻击者通常通过以下3种方法进行DNS欺骗。

（1）缓存感染

黑客会熟练地使用DNS请求，将数据放入一个没有设防的DNS服务器的缓存当中。这些缓存信息会在客户进行DNS访问时返回给客户，从而将客户引导到入侵者所设置的运行木马的Web服务器或邮件服务器上，然后黑客从这些服务器上获取用户信息。

（2）DNS信息劫持

入侵者通过监听客户端和DNS服务器的对话，猜测服务器响应给客户端的DNS查询IP地址。每个DNS报文包括一个相关联的16位IP地址，DNS服务器根据这个IP地址获取请求源位置。黑客在DNS服务器之前将虚假的响应交给用户，从而欺骗客户端去访问恶意的网站。

（3）DNS重定向

攻击者能够将DNS名称查询重定向到恶意DNS服务器。这样攻击者可以获得

DNS服务器的写权限。

防范DNS欺骗攻击可采取如下两种措施：

① 直接用IP地址访问重要的服务，这样至少可以避开DNS欺骗攻击。但这需要记住要访问的IP地址。

② 加密所有对外的数据流，对服务器来说就是尽量使用SSH之类的有加密支持的协议，对一般用户应该用PGP之类的软件加密所有发到网络上的数据。这也并不是那么容易的事情。

9.3.2 防御DNS欺骗

Anti ARP-DNS防火墙是一款可对ARP和DNS欺骗攻击实时监控和防御的防火墙。当受到ARP和DNS欺骗攻击时，会迅速记录追踪攻击者并将攻击程度控制至最低，可有效防止局域网内的非法ARP或DNS欺骗攻击，还能解决被人攻击之后出现IP冲突的问题。

具体的使用步骤如下：

Step 01 安装Anti ARP-DNS防火墙后，打开其主窗口，可以看出在主界面中显示的网卡数据信息，包括子网掩码、本地IP以及局域网中其他计算机等信息。当启动防护程序后，该软件就会把本机MAC地址与IP地址自动绑定实施防护，如图9-57所示。

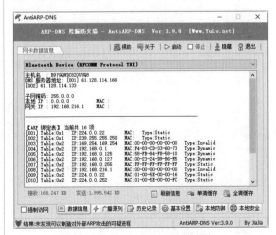

图 9-57 Anti ARP-DNS 防火墙

📢提示：当遇到ARP网络攻击后，软件会自动拦截攻击数据，系统托盘图标是呈现闪烁性图标来警示用户，另外在日志里也将记录当前攻击者的IP地址和MAC攻击者的信息和攻击来源。

Step 02 单击"广播源列"按钮，可看到广播来源的相关信息，如图9-58所示。

图9-58　广播来源列表

Step 03 单击"历史记录"按钮，可看到受到ARP攻击的详细记录。另外，在下面的IP地址文本框中输入IP地址之后，单击"查询"按钮即可查出其对应的MAC地址，如图9-59所示。

图9-59　"历史记录"界面

Step 04 单击"基本设置"按钮，可看到相关的设置信息，在其中可以设置各个选项的属性，如图9-60所示。

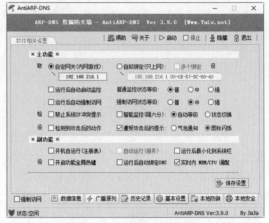

图9-60　"基本设置"界面

📢提示：AntiARP-DNS提供了比较丰富的设置菜单，如主功能、副功能等。除可以预防掉线断网情况外，还可以识别由ARP欺骗造成的"系统IP冲突"情况，而且还增加了自动监控模式。

Step 05 单击"本地防御"按钮，可看到"本地防御欺骗"选项卡，在其中根据DNS绑定功能可屏蔽不良网站，如在用户所在的网站被ARP挂马等，可以找出页面进行屏蔽。其格式是：127.0.0.1 www.xxx.com，同时该网站还提供了大量的恶意网站域名，用户可根据情况进行设置，如图9-61所示。

图9-61　"本地防御"界面

Step 06 单击"本地安全"按钮，可看到"本地安全防范"选项卡，在其中可以扫描本地计算机中存在的危险进程，如图9-62所示。

图 9-62 "本地安全"界面

9.4 局域网安全辅助软件

面对黑客针对局域网的种种攻击，局域网管理者可以使用局域网安全辅助工具来对整个局域网进行管理。本节将介绍两款最为经典的局域网辅助软件，以帮助大家保护局域网的安全。

9.4.1 长角牛网络监控机

长角牛网络监控机（网络执法官）只需在一台机器上运行，可穿透防火墙，实时监控、记录整个局域网用户上线情况，可限制各用户上线时所用的IP地址、时段，并可将非法用户踢下局域网。该软件适用范围为局域网内部，不能对网关或路由器外的机器进行监控或管理，适合局域网管理员使用。

1. 查看主机信息

利用该工具可以查看局域网中各个主机的信息，例如用户属性、在线记录、记录查询等，其具体操作步骤如下。

Step 01 在下载并安装"长角牛网络监控机"软件之后，选择"■"→"所有应用"→Netrobocop菜单项，打开"设置监控范围"对话框，如图9-63所示。

Step 02 在设置完网卡、子网、扫描范围等属性之后，单击"添加/修改"按钮，可将设置的扫描范围添加到"监控如下子网及IP段"列表中，如图9-64所示。

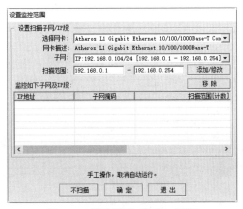

图 9-63 "设置监控范围"对话框

图 9-64 添加监控范围

Step 03 选中刚添加的IP段后，单击"确定"按钮，打开"长角牛网络监控机"主窗口，在其中即可看到设置IP地址段内的主机的各种信息，例如网卡权限及地址、IP地址、上线时间等，如图9-65所示。

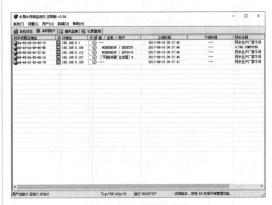

图 9-65 查看监控信息

Step 04 在"长角牛网络监控机"窗口的计算机列表中双击需要查看的对象，可打开"用户属性"对话框，如图9-66所示。

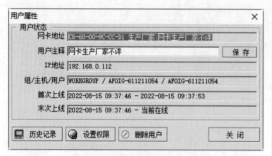

图9-66 "用户属性"对话框

Step 05 单击"历史记录"按钮，打开"在线记录"对话框，在其中查看该计算机上线情况，如图9-67所示。

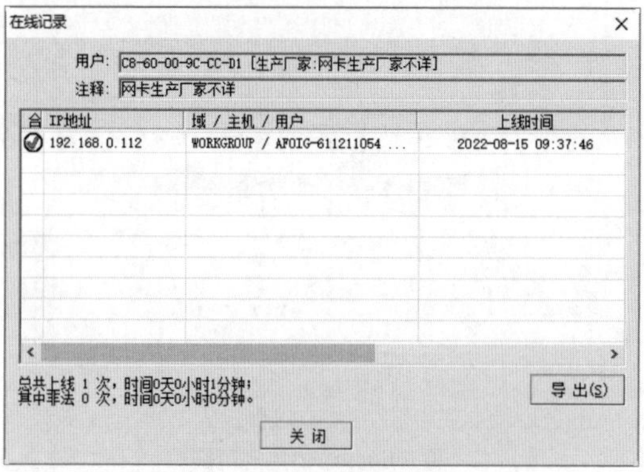

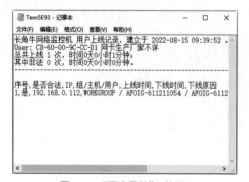

图9-67 查看计算机上线情况

Step 06 单击"导出"按钮，可将该计算机的上线记录保存为文本文件，如图9-68所示。

图9-68 "用户属性"对话框

Step 07 在"长角牛网络监控机"窗口中单击

"记录查询"按钮，可打开"记录查询"窗口，如图9-69所示。

图9-69 "记录查询"窗口

Step 08 在"用户"下拉列表中选择要查询用户对应的网卡地址；在"在线时间"文本框中设置该用户的在线时间，然后单击"查找"按钮即可找到该主机在指定时间的记录，如图9-70所示。

图9-70 显示指定时间的记录

Step 09 在"长角牛网络监控机"窗口中单击"本机状态"按钮，打开"本机状态信息"窗口。在其中可看到本机计算机的网卡参数、IP收发、TCP收发、UDP收发信息，如图9-71所示。

Step 10 在"长角牛网络监控机"窗口中单击"服务监测"按钮，打开"服务监测"窗口，在其中即可进行添加、修改、移除服务器等操作，如图9-72所示。

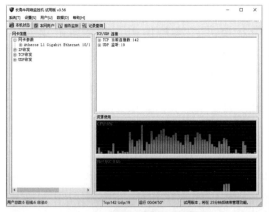

图 9-71　"本机状态信息"窗口

图 9-72　"服务检测"窗口

2. 设置局域网

　　除收集局域网内各个计算机的信息之外，"长角牛网络监控机"工具还可以对局域网中的各个计算机进行网络管理，可以在局域网内的任一台计算机上安装该软件，来实现对整个局域网内的计算机进行管理。其具体的操作步骤如下：

Step 01 在"长角牛网络监控机"窗口中选择"设置"→"关键主机组"菜单项，打开"关键主机组设置"对话框，在"选择关键主机组"下拉列表中选择相应的主机组，并在"组名称"文本框中输入相应的名称之后，再在"组内IP"列表框中输入相应的IP组。最后单击"全部保存"按钮，完成关键主机组的设置操作，如图9-73所示。

Step 02 在"长角牛网络监控机"窗口中选择

"设置"→"默认权限"菜单项，打开"用户权限设置"对话框，选中"受限用户，若违反以下权限将被管理"单选按钮之后，设置"IP限制""时间限制"和"组/主机/用户名限制"等选项。这样当目标计算机与局域网连接时，"长角牛网络监控机"将按照设定的选项对该计算机进行管理，如图9-74所示。

图 9-73　"关键主机组设置"对话框

图 9-74　"用户权限设置"对话框

Step 03 选择"设置"→"IP保护"菜单项，打开"IP保护"对话框。在其中设置要保护的IP段后，单击"添加"按钮，可将该IP段添加到"已受保护的IP段"列表中，如图9-75所示。

Step 04 选择"设置"→"敏感主机"菜单项，打开"设置敏感主机"对话框，在"敏感主机MAC"文本框中输入目标主机的MAC地址后单击 ⟫ 按钮可将该主机设置为敏感主机，如图9-76所示。

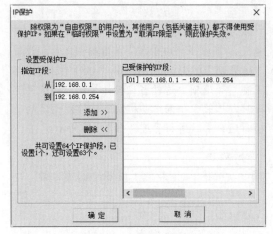

图 9-75 "IP 保护"对话框

图 9-76 "设置敏感主机"对话框

Step 05 选择"设置"→"远程控制"菜单项，打开"远程控制"对话框，在其中勾选"接受远程命令"复选框，并输入目标主机的IP地址和口令后，可对该主机进行远程控制，如图9-77所示。

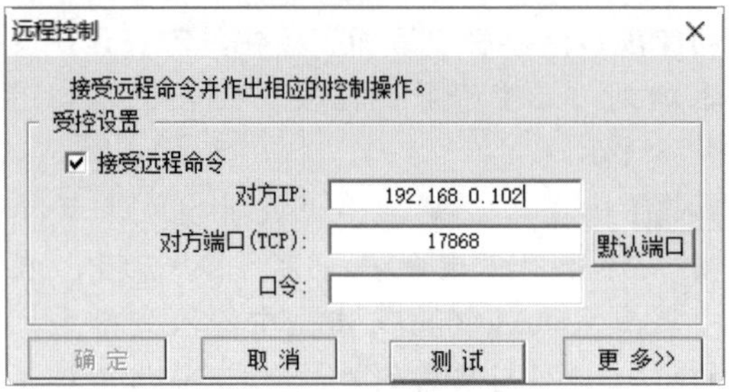

图 9-77 "远程控制"对话框

Step 06 选择"设置"→"主机保护"菜单项，打开"主机保护"对话框，在勾选"启用主机保护"复选框后，输入要保护主机的IP地址和网卡地址之后，单击"加入"按钮可将该主机添加到"受保护主机"列表中，如图9-78所示。

图 9-78 "主机保护"对话框

Step 07 选择"用户"→"添加用户"菜单项，打开"New user（新用户）"对话框，在MAC文本框中输入新用户的MAC地址后，单击"保存"按钮即可实现添加新用户操作，如图9-79所示。

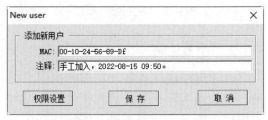

图 9-79 "New user"对话框

Step 08 选择"用户"→"远程添加"菜单项，打开"远程获取用户"对话框，在其中输入远程计算机的IP地址、数据库名称、登录名称以及口令之后，单击"连接数据库"按钮即可从该远程主机中读取用户，如图9-80所示。

Step 09 如果禁止局域网内某一台计算机的网络访问权限，则可在"长角牛网络监控机"窗口内右击该计算机，在弹出的快捷菜单中选择"锁定/解锁"选项，打开"锁定/解锁"对话框，如图9-81所示。

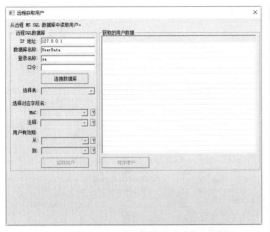

图 9-80 "远程获取用户"对话框

图 9-81 "锁定 / 解锁"对话框

Step 10 在其中选择目标计算机与其他计算机（或关键主机组）的连接方式之后，单击"确定"按钮即可禁止该计算机访问相应的连接，如图9-82所示。

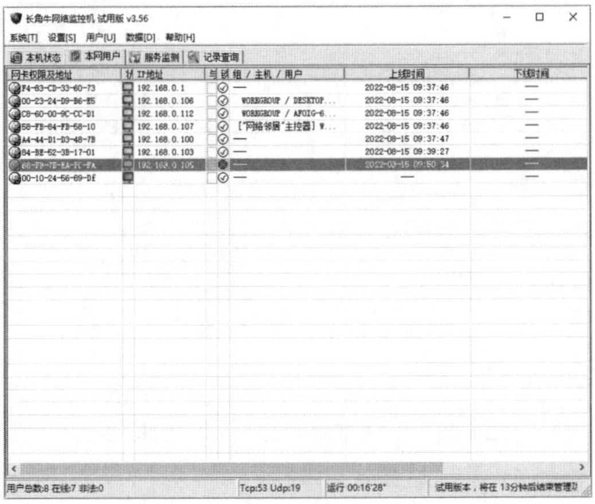

图 9-82 选择要禁止的计算机

Step 11 在"长角牛网络监控机"窗口内右

击某台计算机，在弹出的快捷菜单中选择"手工管理"选项，打开"手工管理"对话框，在其中可手动设置对该计算机的管理方式，如图9-83所示。

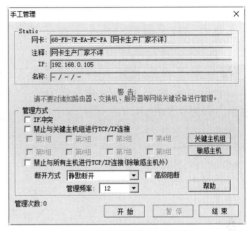

图 9-83 "手工管理"对话框

Step 12 在"长角牛网络监控机"工具中还可以给指定的主机发送消息。在"长角牛网络监控机"窗口内右击某台计算机，在弹出的快捷菜单中选择"发送消息"选项，打开"Send message（发送消息）"对话框，在其中输入要发送的消息后，单击"发送"按钮即可给该主机发送指定的消息，如图9-84所示。

图 9-84 Send message 对话框

9.4.2 大势至局域网安全卫士

大势至局域网安全卫士是一款专业的

局域网安全防护系统，能够有效地防止外来电脑接入公司局域网，有效隔离局域网电脑，并且还有禁止电脑修改IP和MAC地址、检测局域网混杂模式网卡、防御局域网ARP攻击等功能。

使用大势至局域网安全卫士防护系统安全的操作步骤如下。

Step 01 下载并安装大势至局域网安全卫士后，打开"大势至局域网安全卫士"工作界面，如图9-85所示。

图9-85 "大势至局域网安全卫士"工作界面

Step 02 单击"开始监控"按钮，可开始监控当前局域网中的电脑信息，对于局域网外的电脑将显示在"黑名单"窗格之中，如图9-86所示。

Step 03 如果确定某台电脑是局域网内的电脑，则可以在"黑名单"窗格中选中该电脑信息，然后单击"移至白名单"按钮，将其移动到"白名单"窗格之中，如图9-87所示。

Step 04 单击"自动隔离局域网无线路由器"右侧的"检测"按钮，可以检测当前局域网中存在的无线路由器设备信息，并在"网络安全事件"窗格中显示检测结果，

如图9-88所示。

图9-86 局域网中的电脑信息

图9-87 "白名单"窗格

Step 05 单击"查看历史记录"按钮，打开"IPMAC-记事本"窗口，在其中查看历史检测结果，如图9-89所示。

图 9-88 显示检测结果

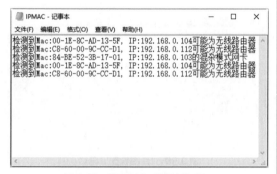

图 9-89 "IPMAC- 记事本"窗口

9.5 实战演练

9.5.1 实战1：清除上网浏览数据

浏览器在上网时会保存很多的上网记录，这些上网记录不但随着时间的增加越来越多，而且还有可能泄露用户的隐私信息。如果不想让别人看见自己的上网记录，则可以把上网记录删除。具体的操作步骤如下。

Step 01 打开Microsoft Edge浏览器，单击浏览器右上角的"更多操作"按钮┅，在弹出的列表中选择"设置"选项，如图9-90所示。

图 9-90 选择"设置"选项

Step 02 打开"设置"窗格，选择"隐私搜索和服务"，单击"清除浏览数据"组下的"选择要清除的内容"按钮，如图9-91所示。

图 9-91 单击"选择要清除的内容"按钮

Step 03 弹出"清除浏览数据"窗格，勾选要清除的浏览数据内容，单击"立即清除"按钮，如图9-92所示。

图 9-92 "清除浏览数据"窗格

Step 04 开始清除浏览数据，清除完成后，单击"选择每次关闭浏览器时要清除的内容"链接，在打开的窗格中选择关闭浏览器时要清除的数据，如图9-93所示。

图 9-93 清除浏览数据

9.5.2 实战2：启用和关闭快速启动功能

使用系统中的"启用快速启动"功能，可以加快系统的开机启动速度，启用和关闭快速启动功能的具体操作步骤如下。

Step 01 单击"开始"按钮 ，在弹出的菜单列表中选择"Window系统"→"控制面板"菜单命令，打开"控制面板"窗口，然后将查看方式设置为"大图标"，如图 9-94所示。

图 9-94 "控制面板"窗口

Step 02 单击"电源选项"图标，打开"电源选项"设置界面，如图9-95所示。

Step 03 单击"选择电源按钮的功能"超链接，打开"系统设置"窗口，在"关机设置"区域中勾选"启用快速启动（推

荐）"复选框，单击"保存修改"按钮即可启用快速启动功能，如图9-96所示。

图 9-95 "电源选项"设置界面

图 9-96 "系统设置"窗口

Step 04 如果想要关闭快速启动功能，则可以取消对"启用快速启动（推荐）"复选框的勾选，然后单击"保存修改"按钮即可，如图9-97所示。

图 9-97 关闭快速启动功能

第10章 恶意软件与间谍软件的清理

在上网的过程中，有时会出现网页一直在刷新，或根本不会出现想要搜索的页面内容、上网速度很慢等一系列问题，这很可能是因为电脑感染了恶意软件或间谍软件所致。本章就来介绍网络恶意软件与间谍软件的清理，主要内容包括网页恶意代码的清除、恶意软件的清理、间谍软件的清理等内容。

10.1 感染恶意或间谍软件后的症状

恶意或间谍软件主要是指某些共享或者免费软件在未经用户允许或授权的情况下，采用不正当的方式，利用强制注册功能或者采用诱骗、试用等手段将该软件所捆绑的各类恶意插件强制性安装到用户的计算机系统上，从而控制计算机。计算机感染恶意或间谍软件后常见的几种症状如下：

1. 桌面上出现了莫名其妙的图标

用户在下载并安装一些正常软件后，会发现桌面上出现了一些莫名其妙的图标。这些软件很有可能是正常软件附带的一些其他软件，会在计算机用户毫不知情的情况安装到自己的计算机中。

2. 系统或程序不断崩溃

导致计算机系统或应用程序不断崩溃的原因有很多，有可能是因为用户的软件和硬件之间存在兼容问题所导致的。但是，也有可能是像rootkits这种类型的恶意软件感染Windows内核后，造成系统的不断崩溃。

3. 毫无任何迹象的感染

即便是用户的计算机在运行过程中不存在任何问题，那也并不意味着是绝对安全的，用户仍然有可能已经感染了恶意软件或间谍软件。像僵尸网络和其他用于盗窃用户数据的恶意软件是很难被发现的，除非计算机用户使用了安全防护软件来扫描系统，才能发现这些恶意软件或间谍软件。

10.2 清除网页恶意代码

计算机用户在上网时经常会遇到偷偷篡改浏览器标题栏的网页代码，有的网站更是不择手段，当用户访问过它们的网页后，不仅浏览器默认首页被篡改了，而且每次开机后浏览器都会自动弹出访问该网站。以上这些情况都是因为感染了网络上的恶意代码。

10.2.1 认识恶意代码

恶意代码（Malicious Code）最常见的表现形式就是网页恶意代码，网页恶意代码的技术以WSH为基础，即Windows Scripting Host，中文称作"Windows脚本宿主"。它是利用网页来进行破坏的病毒，使用一些脚本语言编写的一些恶意代码，利用浏览器漏洞来实现病毒植入。

当用户登录某些含有网页病毒的网站时，网页病毒便被悄悄激活，这些病毒一旦激活，可以对用户的计算机系统进行破坏，强行修改用户操作系统的注册表配置及系统实用配置程序，甚至可以对被攻击的计算机进行非法控制系统资源、盗取用户文件、删除硬盘中的文件、格式化硬盘等恶意操作。

10.2.2 恶意代码的传播方式

恶意代码的传播方式在迅速地演化，从引导区传播，到某种类型文件传播，到宏病毒传播，到邮件传播，再到网络传播，发作和流行的时间越来越短，危害越来越大。

目前，恶意代码主要通过网页浏览或下载、电子邮件、局域网和移动存储介质、即时通信工具（IM）等方式传播。广大用户遇到的最常见的方式是通过网页浏览进行攻击，这种方式具有传播范围广、隐蔽性较强等特点，潜在的危害性也是最大的。

10.2.3 恶意网页代码的预防

电脑用户在上网前和上网时做好如下工作，才能对网页恶意代码进行很好的预防：

（1）要避免被网页恶意代码感染，首先是不要轻易去一些自己并不了解的站点，尤其是一些看上去非常诱人的网址更不要轻易进入，否则往往不经意间就会误入网页代码的圈套。

（2）微软官方经常发布一些漏洞补丁，要及时对当前操作系统及浏览器进行更新升级，可以更好地对恶意代码进行预防。

（3）一定要在电脑上安装病毒防火墙和网络防火墙，并要时刻打开"实时监控功能"。通常防火墙软件都内置了大量查杀VBS、JavaScript恶意代码的特征库，能够有效地警示、查杀、隔离含有恶意代码的网页。

（4）对防火墙等安全类软件进行定时升级，并在升级后检查系统进程，及时了解系统运行情况。定期扫描系统（包括毒病扫描与安全漏洞扫描），以确保系统安全性。

（5）关闭局域网内系统的网络硬盘共享功能，防止一台电脑中毒影响到网络内的其他电脑。

（6）利用hosts文件可以将已知的广告服务器重定向到无广告的机器（通常是本地的IP地址：127.0.0.1）上来过滤广告，从而拦截一些恶意网站的请求，防止访问欺诈网站或感染一些病毒或恶意软件。

（7）对浏览器进行详细安全设置。

10.2.4 恶意网页代码的清除

即便是电脑感染了恶意代码，也不要着急，只要用户按照正确的操作方法是可以使系统恢复正常的。如果用户是个电脑高手，就可以对注册表进行手工操作，使被恶意代码破坏的地方恢复正常。如果是普通的电脑用户，就需要使用一些专用工具来进行清除。

10.3 清理恶意软件

软件在安装的过程中，一些流氓软件也有可能会强制安装进信息，并会在注册表中添加相关的信息，普通的卸载方法并不能将流氓彻底删除，如果想将软件所有的信息删除掉，可以使用第三方软件来卸载程序。

10.3.1 使用《360安全卫士》清理

使用《360安全卫士》可以卸载流氓软件，具体操作步骤如下。

Step 01 启动360安全卫士，在打开的主界面中选择"电脑清理"选项，进入电脑清理界面，如图10-1所示。

图 10-1 电脑清理界面

Step 02 在电脑清理界面中选择"清理插件"

选项，然后单击"一键清理"按钮即可扫描系统当中的流氓软件，如图10-2所示。

图 10-2　扫描系统中的流氓软件

Step 03 扫描完成后，单击"一键清理"按钮即可对扫描出来的流氓软件进行清理，并给出清理完成后的信息提示，如图10-3所示。

图 10-3　清理流氓软件

Step 04 另外，还可以在"360安全卫士"窗口中单击"软件管家"按钮，进入"360软件管家"窗口，选择"卸载"选项卡，在"软件名称"列表中选择需要卸载的软件，如图10-4所示。

图 10-4　"360 软件管家"窗口

10.3.2　使用《金山清理专家》清理

《金山清理专家》的首要功能就是查杀恶意软件，在安装完《金山清理专家》之后就可以对本地机器上恶意软件进行查杀，具体操作步骤如下。

Step 01 双击桌面上的《金山清理专家》快捷图标，进入"金山清理专家"主窗口，如图10-5所示。

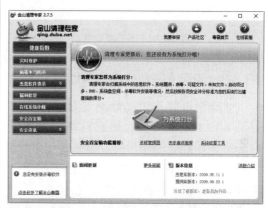

图 10-5　"金山清理专家"主窗口

Step 02 在"恶意软件查杀"选项卡中，可以对恶意软件、第三方插件和信任插件进行查杀，单击"恶意软件"选项即可自动对恶意软件进行扫描，如图10-6所示。

图 10-6　扫描恶意软件

Step 03 在扫描结束之后将显示出扫描结果，如果本机存在有恶意软件，只在勾选扫描出的恶意软件之后，单击"清除选定项"按钮即可将恶意软件删除掉，如图10-7所示。

图 10-7 删除恶意软件

图 10-9 检测电脑系统

10.3.3 使用《恶意软件查杀助理》清理

《恶意软件查杀助理》是针对网上流行的各种木马病毒以及恶意软件开发的。《恶意软件查杀助理》可以查杀超过900多款恶意软件、木马病毒插件，找出隐匿在系统中的毒手，具体使用方法如下。

Step 01 安装软件后，单击桌面上的《恶意软件查杀助理》程序图标启动程序，其主界面如图10-8所示。

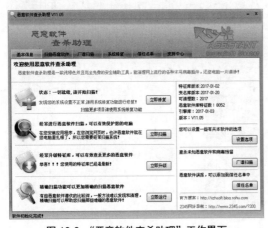

图 10-8 "恶意软件查杀助理"工作界面

Step 02 单击"立即扫描"按钮，软件开始检测电脑系统，如图10-9所示。

Step 03 在恶意软件查杀助理安装的同时，还会安装一个名称为恶意软件查杀工具的程序，该工具需要与恶意软件查杀助理同时运行，其主界面如图10-10所示。

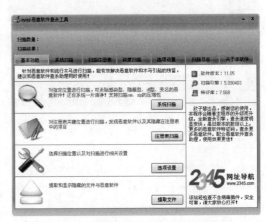

图 10-10 "恶意软件查杀工具"工作界面

Step 04 单击"系统扫描"按钮，软件开始对电脑系统进行扫描，并实时显示扫描过程，如图10-11所示。

图 10-11 扫描电脑系统

提示："系统扫描"完成后，用户可以根据软件提示的结果进行进一步的清除操作。因此，一定要记得经常对电脑系统进行系统扫描。

10.4　查找与清理间谍软件

间谍软件是一种能够在用户不知情的情况下，在其电脑上安装后门、收集用户信息的软件。间谍软件以恶意后门程序的形式存在，该程序可以打开端口、启动ftp服务器或者搜集击键信息并将信息反馈给攻击者。

10.4.1　使用事件查看器查找间谍软件

不管我们是不是计算机高手，都要学会根据Windows自带的"事件查看器"中对应用程序、系统、安全和设置等进程进行分析与管理。

通过事件查看器查找间谍软件的操作步骤如下。

Step 01 右击"此电脑"图标，在弹出的快捷菜单中选择"管理"选项，如图10-12所示。

图 10-12　"管理"选项

Step 02 弹出"计算机管理"对话框，在其中可以看到系统工具、存储、服务和应用程序3个方面的内容，如图10-13所示。

Step 03 在左侧依次单击"计算机管理（本地）"→"系统工具"→"事件查看器"选项，可在下方显示事件查看器所包含的

内容，如图10-14所示。

图 10-13　"计算机管理"窗口

图 10-14　"事件查看器"选项

Step 04 双击"Windows日志"选项，可在右侧显示有关Windows日志的相关内容，包括应用程序、安全、设置、系统和已转发事件等，如图10-15所示。

图 10-15　"Windows 日志"选项

Step 05 双击右侧区域中的"应用程序"选项，可在打开的界面中看到非常详细的应

153

用程序信息，其中包括应用程序被打开、修改、权限过户、权限登记、关闭以及重要的出错或者兼容性信息等，如图10-16所示。

图 10-16 "应用程序"选项

Step 06 右击其中任意一条信息，在弹出的快捷菜单中选择"事件属性"菜单命令，如图10-17所示。

图 10-17 "事件属性"菜单命令

Step 07 打开"事件属性"对话框，在该对话框中可以查看该事件的常规属性以及详细信息等，如图10-18所示。

Step 08 右击其中任意一条应用程序信息，在弹出的快捷菜单中选择"保存选择的事件"菜单命令，弹出"另存为"对话框，在"文件名"文本框中输入事件的名称，并选择事件保存的类型，如图10-19所示。

Step 09 单击"保存"按钮即可保存事件，并弹出"显示信息"对话框，在其中设置是否要在其他计算机中正确查看此日志，设

置完毕后，单击"确定"按钮即可保存设置，如图10-20所示。

图 10-18 "事件属性"对话框

图 10-19 "另存为"对话框

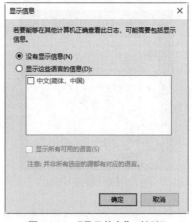

图 10-20 "显示信息"对话框

Step 10 双击左侧的"安全"选项，可以将电脑记录的安全性事件信息全都枚举于此，用户可以对其进行具体查看和保存、附加程序等，如图10-21所示。

图 10-21 "安全"选项

Step 11 双击左侧的Setup选项，在右侧将会展开系统设置详细内容，如图10-22所示。

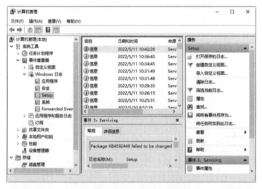

图 10-22 Setup 选项

Step 12 双击左侧的"系统"选项，会在右侧看到Windows操作系统运行时内核以及上层软硬件之间的运行记录，这里面会记录大量的错误信息，是黑客们分析目标计算机漏洞时最常用到的信息库，用户最好熟悉错误码，这样可以提高查找间谍软件的效率，如图10-23所示。

图 10-23 "系统"选项

10.4.2 使用《反间谍专家》清理

使用《反间谍专家》可以扫描系统薄弱环节以及全面扫描硬盘，智能检测和查杀超过上万种木马、蠕虫、间谍软件等，终止它们的恶意行为。当检测到可疑文件时，该工具还可以将其隔离，从而保护系统的安全。

下面介绍使用《反间谍专家》软件的基本步骤。

Step 01 运行反间谍专家程序，打开"反间谍专家"主界面，其中有"快速查杀"和"完全查杀"两种方式，如图10-24所示。

图 10-24 "反间谍专家"主界面

Step 02 在"查杀"栏目中单击"快速查杀"按钮，然后在右边的窗口中单击"开始查杀"按钮，打开"扫描状态"对话框，如图10-25所示。

图 10-25 "扫描状态"对话框

Step 03 在扫描结束之后，打开"扫描报告"对话框，在其中列出了扫描到的恶意代码，如图10-26所示。

图 10-26 "扫描报告"对话框

Step 04 单击"选择全部"按钮即可选中全部的恶意代码，然后单击"清除"按钮，可快速杀除扫描到的恶意代码，如图10-27所示。

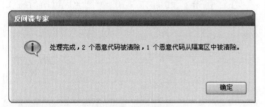

图 10-27 信息提示框

Step 05 如果要彻底扫描并查杀恶意代码，则需采用"完全查杀"方式。在"反间谍专家"主窗口中，单击"完全查杀"按钮，打开"完全查杀"对话框。其中有3种快捷方式供选择，这里选中"扫描本地硬盘中的所有文件"单选按钮，如图10-28所示。

图 10-28 选择"完全查杀"方式

Step 06 单击"开始查杀"按钮，打开"扫描状态"对话框，在其中可以查看查杀进程，如图10-29所示。

Step 07 待扫描结束之后，打开"扫描报告"对话框，在其中列出所扫描到的恶意代

码。勾选要清除的恶意代码前面的复选框后，单击"清除"按钮即可删除这些恶意代码，如图10-30所示。

图 10-29 查看查杀进程

图 10-30 "扫描报告"对话框

Step 08 在"反间谍专家"主界面中切换到"常用工具"栏目中，单击"系统免疫"按钮即可打开"系统免疫"对话框，单击"启用"按钮即可确保系统不受到恶意程序的攻击，如图10-31所示。

图 10-31 "系统免疫"对话框

Step 09 单击"隔离区"按钮，则可查看已经隔离的恶意代码，选择隔离的恶意项目可以对其进行恢复或清除操作，如图10-32所示。

图 10-32　查看隔离的恶意代码

Step 10 单击"高级工具"功能栏即可进入"高级工具"设置界面，如图10-33所示。

图 10-33　"高级工具"界面

Step 11 单击"进程管理"按钮即可打开"进程管理"对话框，在其中对进程进行相应的管理，如图10-34所示。

图 10-34　"进程管理"对话框

Step 12 单击"服务管理"按钮即可打开"服务管理"对话框，在其中对服务进行相应

的管理，如图10-35所示。

图 10-35　"服务管理"对话框

Step 13 单击"网络连接管理"按钮即可打开"网络连接管理"对话框，在其中对网络连接进行相应的管理，如图10-36所示。

图 10-36　"网络连接管理"对话框

Step 14 选择"工具"→"综合设定"菜单项，打开"综合设定"对话框，在其中对扫描设定进行相应的设置，如图10-37所示。

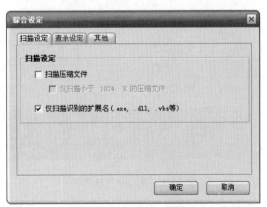

图 10-37　"综合设定"对话框

Step 15 选择"查杀设定"选项卡，进入"查杀设定"设置界面，在其中设定"发现恶意程序时的缺省动作"，如图10-38所示。

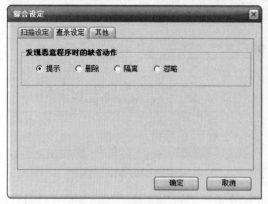

图 10-38 "查杀设定"界面

10.4.3 使用Spybot-Search & Destroy清理

Spybot-Search&Destroy是一款专门用来清理间谍程序的工具。目前，它已经可以检测1万多种间谍程序（Spyware），并对其中的1000多种进行免疫处理。这个软件是完全免费的，并有中文语言包支持，可以在Server级别的操作系统上使用。

下面介绍使用Spybot软件查杀间谍软件的基本步骤。

Step 01 安装Spybot-Search&Destroy并设置好初始化之后，打开其主窗口，如图10-39所示。

图 10-39 Spybot 工作界面

Step 02 由于该软件支持多种语言，所以在其

主窗口中选择Languages→"简体中文"命令，可将程序主界面切换为中文模式，如图10-40所示。

图 10-40 切换到中文模式

Step 03 单击其中的"检测"按钮或单击左侧的"检查与修复"按钮，打开"检测与修复"窗口，并单击"检测与修复"按钮，Spybot此时可开始检查系统找到的存在的间谍软件，如图10-41所示。

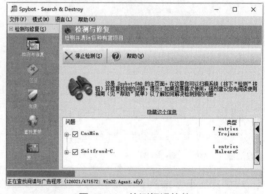

图 10-41 检测间谍软件

Step 04 在软件检查完毕之后，检查页上将会列出在系统中查到可能有问题的软件。选取某个检查到的问题，再单击右侧的分栏箭头，可查询到有关该问题软件的发布公司，软件功能、说明和危害种类等信息，如图10-42所示。

Step 05 选中需要修复的问题程序，单击"修复"按钮即可打开"将要删除这些项目"提示信息框，如图10-43所示。

Step 06 单击"是"按钮即可看到在下次系统启动时自动运行提示框，如图10-44所示。

图 10-42　查看详细信息

图 10-43　"确认"信息框

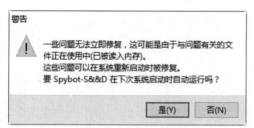

图 10-44　"警告"框

Step 07 单击"是"按钮即可将选取的间谍程序从系统中清除，如图10-45所示。

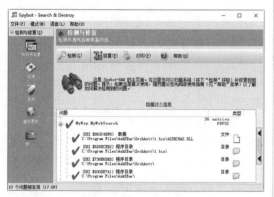

图 10-45　清除间谍程序

Step 08 待修复完成后，可看到"确认"对话框。在其中会实现成功修复以及尚未修复问题的数目，并建议重启计算机。单击

"确定"按钮重启计算机修复未修复的问题即可，如图10-46所示。

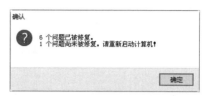

图 10-46　"确认"信息框

Step 09 选择"还原"选项，在打开的界面中选择需要还原的项目，单击"还原"按钮，如图10-47所示。

图 10-47　选择还原项目

Step 10 弹出"确认"信息提示框，提示用户是否要撤销先前所做的修改，如图10-48所示。

图 10-48　"确认"信息框

Step 11 单击"是"按钮即可将修复的问题还原到原来的状态，还原完毕后弹出"信息"提示框，如图10-49所示。

图 10-49　"信息"提示框

Step 12 选择"免疫"选项，进入"免疫"设置界面，免疫功能能使用户的系统具有抵御间谍软件的免疫效果，如图10-50所示。

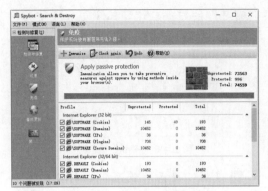

图 10-50 "免疫"设置界面

10.5 实战演练

10.5.1 实战1：一招解决弹窗广告

在浏览网页时，除了遭遇病毒攻击、网速过慢等问题外，还时常遭受铺天盖地的广告攻击，利用Microsoft Edge自带工具可以屏蔽广告。具体的操作步骤如下。

Step 01 打开Microsoft Edge浏览器，单击浏览器右上角的"设置及其他"按钮，在弹出的列表中选择"设置"选项，如图10-51所示。

图 10-51 "设置"选项

Step 02 打开"设置"窗口，选择"Cookie和网站权限"选项，在"所有权限"区域中单击"弹出窗口和重定向"右侧的>按钮，如图10-52所示。

图 10-52 "所有权限"区域

Step 03 进入"站点权限/弹出窗口和重定向"界面中，启动"阻止（推荐）"按钮，这样就可以阻止弹出窗口，如图10-53所示。

图 10-53 启动"阻止（推荐）"按钮

Step 04 在"所有权限"区域中单击"侵入性广告"右侧的>按钮，在打开的"站点权限/侵入性广告"界面中可以启动"在显示干扰或误导性广告的站点上阻止（推荐）"按钮，这样就可以阻止侵入性广告，如图10-54所示。

图 10-54 阻止侵入性广告

10.5.2 实战2：阻止流氓软件自动运行

在使用电脑的时候，有可能会遇到流氓软件，如果不想程序自动运行，就需要用户阻止程序运行。具体操作步骤如下：

Step 01 右击"█"按钮，在弹出的快捷菜单中选择"运行"菜单命令，即可打开"运行"对话框输入"gpedit.msc"，如图10-55所示。

Step 02 单击"确定"按钮，打开"本地组策略编辑器"窗口，如图10-56所示。

Step 03 依次单击"用户配置"→"管理模板"→"系统"文件，双击"不运行指定的Windows应用程序"选择，如图10-57所示。

图 10-55　"运行"对话框

图 10-56　"本地组策略编辑器"窗口

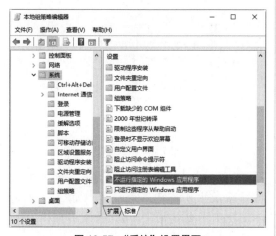

图 10-57　"系统"设置界面

Step 04 打开"不运行指定的Windows应用程序"窗口，选中"已启用"来启用策略，如图10-58所示。

Step 05 单击下方的"显示..."按钮，打开"显示内容"对话框，在其中添加不允许的应用程序，如图10-59所示。

图 10-58　选中"已启用"

图 10-59　"显示内容"对话框

Step 06 单击"确定"按钮即可把想要阻止的程序名添加进去，此时，如果再运行此程序，就会弹出相应的应用提示框，如图10-60所示。

图 10-60　限制信息提示框

第11章　后门入侵与痕迹清理技术

从入侵者与远程主机/服务器建立连接起，系统就开始把入侵者的IP地址及相应操作事件记录下来。系统管理员可以通过这些日志文件找到入侵者的入侵痕迹，从而获得入侵证据及入侵者的IP地址。本章就来介绍后门入侵与痕迹清理技术。

11.1　账户后门入侵与防御

在Windows操作系统中，管理员账户有着极大的控制权限，黑客常常利用各种技术对账户进行破解，从而获得电脑的控制权。

11.1.1　使用DOS命令创建隐藏账户

黑客在成功入侵一台主机后，会在该主机上建立隐藏账号，以便长期控制该主机，下面介绍使用命令创建隐藏账号的操作步骤。

Step 01 单击"▦"按钮，在弹出的快捷菜单中选择"运行"选项，打开"运行"对话框，在"打开"文本框中输入cmd，如图11-1所示。

图 11-1　"运行"对话框

Step 02 单击"确定"按钮，打开"命令提示符"窗口。在其中输入"net user ty$ 123456 /add"命令，按Enter键，即可成功创建一个名为"ty$"，密码为"123456"的隐藏账户，如图11-2所示。

Step 03 输入"net localgroup administrators ty$ /add"命令，按Enter键后，可对该隐藏账户赋予管理员权限，如图11-3所示。

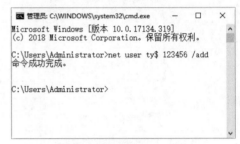

图 11-2　"命令提示符"窗口

图 11-3　赋予管理员权限

Step 04 输入net user命令，按Enter键可显示当前系统中所有已存在的账户信息。但是却发现刚刚创建的"ty$"并没有显示，如图11-4所示。

图 11-4　显示用户账户信息

由此可见，隐藏账户可以不被命令查看到。不过，这种方法创建的隐藏账户并不能完美被隐藏。查看隐藏账户的具体操作步骤如下。

Step 01 在桌面上右击"此电脑"图标，在弹出的快捷菜单中选择"管理"选项，打开"计算机管理"窗口，如图11-5所示。

图 11-5　"计算机管理"窗口

Step 02 依次单击"系统工具"→"本地用户和组"→"用户"选项，这时在右侧的窗格中可以发现创建的ty$隐藏账户依然会被显示，如图11-6所示。

图 11-6　显示隐藏账户

注意：这种隐藏账户的方法并不实用，只能做到在"命令提示符"窗口中隐藏，属于入门级的系统账户隐藏技术。

11.1.2　在注册表中创建隐藏账户

注册表是Windows系统的数据库，包含系统中非常多的重要信息，也是黑客最多关注的地方。下面就来看看黑客是如何使用注册表来更好地隐藏。

Step 01 单击"![田]"→"运行"选项，打开"运行"对话框，在"打开"文本框中输入regedit，如图11-7所示。

图 11-7　"运行"对话框

Step 02 单击"确定"按钮，打开"注册表编辑器"窗口，在左侧窗口中，依次选择HKEY_LOCAL_MACHINE\SAM\SAM注册表项，右击SAM，在弹出的快捷菜单中选择【权限】选项，如图11-8所示。

图 11-8　"注册表编辑器"窗口

Step 03 打开"SAM的权限"对话框，在"组或用户名称"栏中选择Administrators，然后在"Administrators的权限"栏中勾选"完全控制"和"读取"复选框，单击"确定"按钮保存设置，如图11-9所示。

Step 04 依次选择HKEY_LOCAL_MACHINE\SAM\SAM\Domains\Account\Users\ Names注册表项，可查看到以当前系统中的所有系统账户名称命名的子项，如图11-10所示。

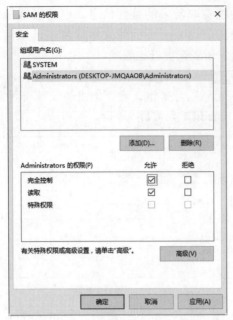

图 11-9 "SAM 的权限"对话框

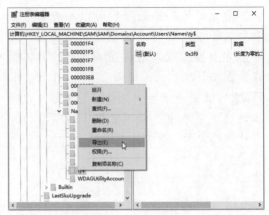

图 11-11 "导出"选项

图 11-10 查看系统账户

图 11-12 "导出注册表文件"对话框

Step 05 右击"ty$"项，在弹出的快捷菜单中选择"导出"选项，如图11-11所示。

Step 06 打开"导出注册表文件"对话框，将该项命名为ty.reg，然后单击"保存"按钮，可导出ty.reg，如图11-12所示。

Step 07 按照Step05的方法，将HKEY_LOCAL_MACHINE\SAM\SAM\Domains\ Account\ Users\下的000001F4和000003E9项分别导出并命名为administrator.reg和user.reg，如图11-13所示。

图 11-13 导出注册表文件

Step 08 用记事本打开administrator.reg，选中"F"=后面的内容并复制下来，如图11-14所示。

图 11-14　打开 administrator.reg

Step 09 打开user.reg，将"F"=后面的内容替换掉。完成后，将user.reg进行保存，如图11-15所示。

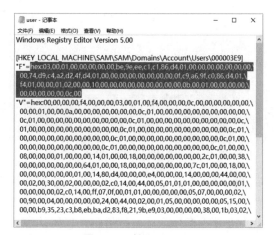

图 11-15　打开 user.reg

Step 10 打开"命令提示符"窗口，输入net user ty$ /del命令，按Enter键后，即可将建立的隐藏账号"ty$"删除，如图11-16所示。

图 11-16　"命令提示符"窗口

Step 11 分别将ty.reg和user.reg导入到注册表中，完成注册表隐藏账号的创建，在"本地用户和组"窗口中，也查看不到隐藏账号，如图11-17所示。

图 11-17　"计算机管理"窗口

提示：利用此种方法创建的隐藏账户在注册表中还是可以查看到的。为了保证建立的隐藏账户不被管理员删除，还需要对HKEY_LOCAL_MACHINE\SAM\SAM注册表项的权限取消。这样，即便是真正的管理员发现了并要删除隐藏账户，系统就会报错，并且无法再次赋予权限。经验不足的管理员就只能束手无策了。

11.1.3　找出创建的隐藏账户

当确定了自己的计算机遭到了入侵，可以在不重装系统的情况下采用如下方式"抢救"被入侵的系统。隐藏账户的危害是不容忽视的，用户可以通过设置组策略，使黑客无法使用隐藏账户登录。具体操作步骤如下。

Step 01 单击"■"按钮，在弹出的快捷菜单中选择"运行"选项，打开"运行"对话框，在"打开"文本框中输入"gpedit.msc"，如图11-18所示。

Step 02 单击"确定"按钮，打开"本地组策略编辑器"窗口，依次单击"计算机配置"→"Windows设置"→"安全设置"→"本地策略"→"审核策略"选项，如图11-19所示。

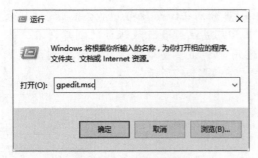

图 11-18 "运行"对话框

图 11-19 "本地组策略编辑器"窗口

Step 03 双击右侧窗口中的"审核策略更改"选项，打开"审核策略更改 属性"对话框，勾选"成功"复选框，单击"确定"按钮保存设置，如图11-20所示。

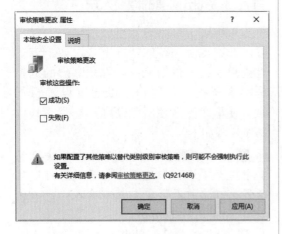

图 11-20 "审核策略更改 属性"对话框

Step 04 按照上述Step03，将"审核登录事件"选项做同样的设置，如图11-21所示。

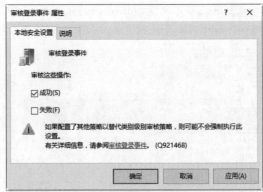

图 11-21 "审核登录事件 属性"对话框

Step 05 按照上述Step03，将"审核过程跟踪"选项做同样的设置，如图11-22所示。

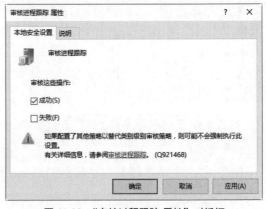

图 11-22 "审核过程跟踪 属性"对话框

Step 06 设置完成后，用户就可以通过"计算机管理"窗口中的"事件查看器"选项中，查看所有登录过系统的账户及登录的时间，有可疑的账户在这里一目了然，即便黑客删除了登录日志，系统也会自动记录删除日志的账户，如图11-23所示。

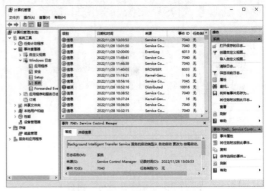

图 11-23 "计算机管理"窗口

提示： 在确定了黑客的隐藏账户之后，却无法删除。这时，可以通过"命令提示符"窗口，运行"net user 隐藏账号的名称　新密码"命令来更改隐藏账户的登录密码，使黑客无法登录该账户。

11.1.4　创建密码恢复盘

有时，进入系统的账户密码被黑客破解并修改后，用户就进不了系统，但如果事先创建了密码恢复盘，就可以强制进行密码恢复以找到原来的密码。Windows 系统自带有创建账户密码恢复盘功能，利用该功能可以创建密码恢复盘。

创建密码恢复盘的具体操作步骤如下。

Step 01 单击"⊞"按钮，在弹出的菜单列表中选择"Windows 系统"→"控制面板"菜单命令，打开"控制面板"窗口，然后将查看方式设置为"大图标"，双击"用户账户"图标，如图 11-24 所示。

图 11-24　"控制面板"窗口

Step 02 打开"用户账户"窗口，在其中选择要创建密码恢复盘的账户，如图 11-25 所示。

Step 03 单击"创建密码重设盘"超链接，弹出"欢迎使用忘记密码向导"对话框，如图 11-26 所示。

Step 04 单击"下一步"按钮，弹出"创建密码重置盘"对话框，如图 11-27 所示。

Step 05 单击"下一步"按钮，弹出"当前用户账户密码"对话框，在下面的文本框中

输入当前用户密码，如图 11-28 所示。

图 11-25　"用户账户"窗口

图 11-26　"欢迎使用忘记密码向导"对话框

图 11-27　"创建密码重置盘"对话框

Step 06 单击"下一步"按钮，开始创建密码重设盘，创建完毕后，将它保存到安全的地方，这样就可以在密码丢失后进行账户密码恢复了。

图 11-28 "当前用户账户密码"对话框

11.2 黑客留下的脚印——日志

日志是黑客留下的脚印，其本质就是对系统中的操作进行的记录，用户对计算机的操作和应用程序的运行情况都能记录下来，所以黑客在非法入侵计算机以后所有行动的过程也会被日志记录在案。

11.2.1 日志的详细定义

日志文件是Windows系统中一个比较特殊的文件，它记录着Windows系统中所发生的一切，如各种系统服务的启动、运行、关闭等信息。日志文件通常有应用程序日志、安全日志、系统日志、DNS服务器日志和FTP日志等。

1. 日志文件的默认位置

①DNS日志的默认位置：%systemroot%\system32\config，默认文件大小为512KB，管理员都会改变这个默认大小。

②安全日志文件默认位置：%systemroot%\

system32\config\SecEvent.EVT。

③系统日志文件默认位置：%systemroot%\system32\config\sysEvent.EVT。

④应用程序日志文件默认位置：%systemroot%\system32\config\AppEvent.EVT。

⑤Internet信息服务FTP日志默认位置：%systemroot%\system32\logfiles\msftpsvc1\，默认每天一个日志。

⑥Internet信息服务WWW日志默认位置：%systemroot%\system32\logfiles\w3svc1\，默认每天一个日志。

⑦Scheduler服务日志默认位置：%systemroot%\schedlgu.txt。

2. 日志在注册表里的键

①应用程序日志、安全日志、系统日志、DNS服务器日志的文件在注册表中的键为HKEY_LOCAL_MACHINE\system\CurrentControlSet\Services\Eventlog，有的管理员很可能将这些日志重定位。其中Eventlog下面有很多子表，里面可查看到以上日志的定位目录。

②Schedluler服务日志在注册表中的键为HKEY_LOCAL_MACHINE\SOFTWARE\Microsoft\SchedulingAgent。

3. FTP和WWW日志

FTP日志和WWW日志在默认情况下，每天生成一个日志文件，包括当天的所有记录。文件名通常为ex（年份）（月份）（日期），从日志里能看出黑客入侵时间、使用的IP地址以及探测时使用的用户名，这样使得管理员可以想出相应的对策。

11.2.2 为什么要清理日志

Windows网络操作系统都设计有各种各样的日志文件，如应用程序日志、安全日志、系统日志、Scheduler服务日志、FTP日志、WWW日志、DNS服务器日志等，其扩展名为log.txt。这些根据用户的系统开启的服务的不同而有所不同。

黑客们在获得服务器的系统管理员权限之后就可以随意破坏系统上的文件了，包括日志文件。但是这一切都将被系统日志记录下来，所以黑客们想要隐藏自己的入侵踪迹，就必须对日志进行修改，最简单的方法就是删除系统日志文件。

为了防止管理员发现计算机被黑客入侵后通过日志文件查到黑客的来源，入侵者都会在断开与自己入侵的主机连接前删除入侵时的日志。

11.3 分析系统日志信息

作为一名入侵者，在清理入侵记录和痕迹之前，都是先分析一个入侵日志，从中找出需要保留的入侵信息和记录。WebTrends是一款非常好的日志分析软件，它可以很方便地生成日报、周报和月报等，并有多种图表生成方式，如柱状图、曲线图、饼状图等。

11.3.1 安装日志分析工具

在使用之前先安装WebTrends软件，具体的操作步骤如下。

Step 01 下载并双击WebTrends安装程序图标，打开"License Agreement（安装许可协议）"对话框，如图11-29所示。

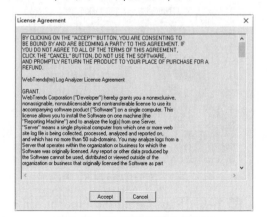

图 11-29 "安装许可协议"对话框

Step 02 在认真阅读安装许可协议后，单击"Accept（同意）"按钮，进入"Welcome!（欢迎安装向导）"对话框，在"Please select from the following options（请从以下选项中选择）"单选按钮中选中"Install a time limited trial（安装有时间限制）"单选项，如图11-30所示。

图 11-30 "欢迎安装向导"对话框

Step 03 单击Next按钮，打开"Select Destination Directory（选择目标安装位置）"对话框，在其中选择目标程序安装的位置，如图11-31所示。

图 11-31 "选择目标安装位置"对话框

Step 04 在选择好需要安装的位置之后，单击Next按钮，打开"Ready to Install（准备安装）"对话框，在其中可以看到安装复制的信息，如图11-32所示。

Step 05 单击Next按钮，打开"Installing（正在安装）"对话框，在其中看到安装的状态并显示安装进度条，如图11-33所示。

图 11-32 "准备安装"对话框

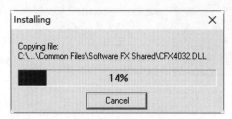

图 11-33 "正在安装"对话框

Step 06 安装完成之后，打开"Installation Completed!（安装完成）"对话框，单击 Finish按钮完成整个安装过程，如图11-34 所示。

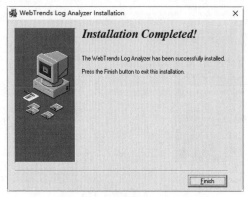

图 11-34 "安装完成"对话框

11.3.2 创建日志站点

另外，在WebTrends使用之前，用户还必须先建立一个新的站点，在WebTrends中创建日志站点的具体操作步骤如下。

Step 01 在安装WebTrends完成之后，依次选择"开始"→"所有程序"→"WebTrends LogAnalyzer"选项，打开"WebTrends

Product licensing（输入序列号）"对话框，在其中输入序列号，如图11-35所示。

图 11-35 输入序列号

Step 02 单击"Submit（提交）"按钮，如果看到"添加序列号成功"提示，则说明该序列号是可用的，如图11-36所示。

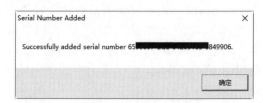

图 11-36 信息提示框

Step 03 单击"确定"按钮之后，单击"Exit（退出）"按钮，可看到"Professor WebTrends（WebTrends目录）"窗口，如图11-37所示。

图 11-37 "WebTrends 目录"窗口

Step 04 单击"Start Using the Product（开始使用产品）"按钮，打开"Registration（注

册）"对话框，如图11-38所示。

DNS查询方式，如图11-41所示。

图 11-38 "注册"对话框

Step 05 单击"Register Later（以后注册）"
按钮，打开"WebTrends Log Analyzer"主
窗口，如图11-39所示。

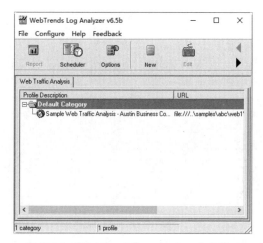

图 11-39 "WebTrendsLog Analyzer"主窗口

Step 06 单击"New（新建）"按钮，打开
"添加站点日志—标题，URL"对话框，
在"Description（描述）"文本框中输入
准备访问日志的服务器类型名称；在"Log
File URL Path（日志文件URL路径）"下
拉列表中选择存放方式；在后面的文本框
中输入相应的路径；在"Log File Format
（日志文件格式）"下拉列表中可以看出
WebTrends支持多种日志格式，这里选择
"Auto-detect log file type（自动监听日志文
件类型）"选项，如图11-40所示。

Step 07 单击"下一步"按钮，打开"设置站点
日志—查询DNS"对话框，在其中可以设置地址

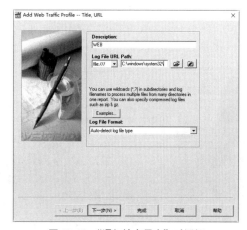

图 11-40 "添加站点日志"对话框

图 11-41 "查询 DNS"对话框

Step 08 单击"下一步"按钮，打开"设置站点
日志—站点首页"对话框，在其中设置站点的
首页文件和URL等属性，如图11-42所示。

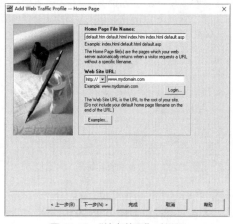

图 11-42 "站点首页"对话框

Step 09 单击"下一步"按钮，打开"设置站点日志—过滤"对话框，在其中需要设置WebTrend对站点中哪些类型的文件做日志，这里默认的是所有文件类型（Include All），如图11-43所示。

图 11-43 "过滤"对话框

Step 10 单击"下一步"按钮，打开"设置站点日志—数据和真实时间"对话框，在其中勾选"Use FastTrends database（使用快速分析数据库）"复选框和"Analyze log file in real-time（在真实时间分析日志）"复选框，如图11-44所示。

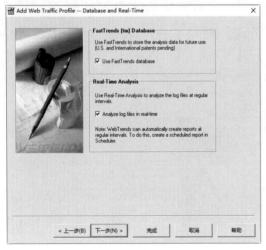

图 11-44 "数据和真实时间"对话框

Step 11 单击"下一步"按钮，打开"设置站点日志—高级设置"对话框，这里勾选

择"Store Fast Trends databases in default location（在本地保存快速生成的数据库）"复选框，如图11-45所示。

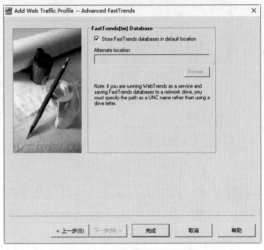

图 11-45 "高级设置"对话框

Step 12 单击"完成"按钮即可完成新建日志站点，在WebTrends Log Analyzer窗口可看到新创建的Web站点，如图11-46所示。

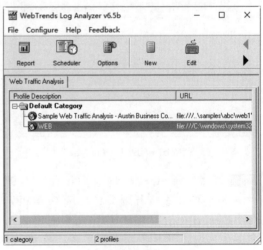

图 11-46 完成新建日志站点

11.3.3 生成日志报表

一个日志站点创建完成后，等待一定访问量后就可以对指定的目标主机进行日志分析并生成日志报表了，具体的操作步骤如下。

Step 01 在WebTrends Log Analyzer主窗口中单击"工具栏"中的"Report（报告）"

172

按钮打开"Create Report（生成报告）"对话框，在"Report Range（报告类型）"列表中可以看到WebTrends提供多种日志的产生时间以供选择，这里选择所有的日志。还需要对报告的风格、标题、文字、显示哪些信息（如访问者IP地址、访问时间、访问内容等）等信息进行设置，如图11-47所示。

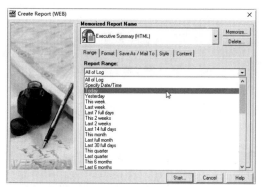

图 11-47　"生成报告"对话框

Step 02 单击"Start（开始）"按钮，可对选择的日志站点进行分析并生成报告，如图11-48所示。

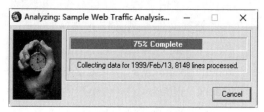

图 11-48　分析日志报告

Step 03 待分析完毕之后可看到HTML形式的报告，在其中可以看到该站点的各种日志信息，如图11-49所示。

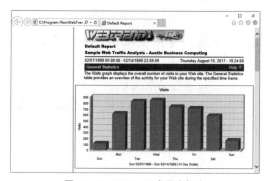

图 11-49　HTML 形式日志报告

11.4　清除服务器入侵日志

　　黑客在入侵服务器的过程中，其操作会留下痕迹，本节主要讲述如何清除这些痕迹。那么清除掉日志是黑客入侵后必须要做的一件事情。下面为大家详细介绍黑客是通过什么样的方法把记录自己痕迹的日志清除掉的。

11.4.1　清除系统服务日志

　　使用SRVINSTW可以清除系统服务日志，具体操作步骤如下。

Step 01 如果黑客已经通过图形界面控制对方的计算机，在该计算机上运行SRVINSTW.exe程序，打开"欢迎使用本软件"对话框，在其中选中"移除服务"单选按钮，如图11-50所示。

图 11-50　"欢迎使用本软件"对话框

Step 02 单击"下一步"按钮，打开"计算机类型选择"对话框，在"请选择要执行的计算机类型"栏目中选中"本地机器"单选按钮，如图11-51所示。

📢提示：如果没有控制目标的计算机，但已经和对方建立具有管理员权限的IPC$连接，此时应该在"请选择要执行的计算机类型"栏目中选中"远程机器"单选按钮，并在"计算机名"文本框中输入远程计算机的IP地址之后，单击"下一步"按钮，同样可以将该远程主机中的服务删除。

Step 03 单击"下一步"按钮，打开"服务名"选择对话框，在"服务名"下拉列表中选择需要删除的服务选项，这里选择"IP转换配置服务"选项，如图11-52所示。

图 11-51　"计算机类型选择"对话框

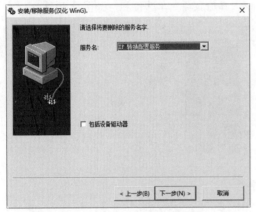

图 11-52　"服务名"选择对话框

Step 04 单击"下一步"按钮，打开"准备好移除服务"对话框，如图11-53所示。

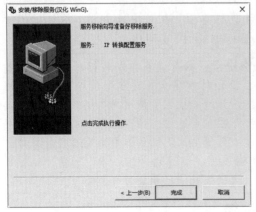

图 11-53　"准备好移除服务"对话框

Step 05 如果确定要删除该服务，单击"完成"按钮即可看到"服务成功移除"提示框。单击"确定"按钮，可将主机中的服务删除，如图11-54所示。

图 11-54　信息提示框

11.4.2　批处理清除日志信息

在一般情况下，日志会忠实地记录它接收到的任何请求，用户会通过查看日志来发现入侵的企图，从而保护自己的系统。所以黑客在入侵系统成功后，首先便是清除该计算机中的日志，擦去自己的形迹。除手工删除外，还可以通过创建批处理文件来删除日志。

具体的操作步骤如下。

第1步：在记事本中编写一个可以清除日志的批处理文件，其具体的内容如下：

@del C:\Windows\system32\logfiles*.*
@del C:\Windows \system32\config*.evt
@del C:\Windows \system32\dtclog*.*
@del C:\Windows \system32*.log
@del C:\Windows \system32*.txt
@del C:\Windows *.txt
@del C:\Windows t*.log
@del c:\del.bat

第2步：把上述内容保存为del.bat备用。再新建一个批处理文件并将其保存为clear.bat文件，其具体内容如下：

@copy del.bat \\1\c$
@echo 向肉鸡复制本机的del.bat……OK
@psexec \\1 c:\del.bat
@echo 在肉鸡上运行del.bat，清除日志文件……OK

在上述代码中echo是DOS下的回显命令，在它的前面加上"@"前缀字符，表示执行时本行在命令行或DOS里面不显示，它是删除文件命令。

第3步：假设已经与肉鸡进行了IPC连接之后，在"命令提示符"窗口中输入"clear.bat 192.168.0.10"命令，可清除该主机上的日志文件。

11.4.3　清除WWW和FTP日志信息

黑客在对目标服务器实施入侵之后，为了防止网络管理员对其进行追踪，往往要删除留下的IP记录和FTP记录，但这种系统日志用手工的方法很难清除，这时需要借助于其他软件进行清除。在Windows系统中，WWW日志一般都存放在%winsystem%\sys tem32\logfiles\w3svc1文件夹中，包括WWW日志和FTP日志。

Windows 10系统中一些日志存放路径和文件名如下：

- 安全日志：C:\windows\system\system32\config\Secevent.evt。
- 应用程序日志：C:\windows\system\system32\config\AppEvent.evt。
- 系统日志：C:\windows\winsystem\system32\config\SysEvent.evt。
- IIS的FTP日志：C:\windows\system%\system32\logfiles\msftpsvc1\，默认每天一个日志。
- IIS的WWW日志：C:\windows\system\system32\logfiles\w3svc1\ 默认每天一个日志。
- Scheduler服务日志：C:\windows\winsystem\schedlgu.txt。
- 注册表项目如下：[HKLM]\system\CurrentControlSet\Services\Eventlog。
- Schedluler服务注册表所在项目：[HKLM]\SOFTWARE\Microsoft\SchedulingAgent。

1.　清除WWW日志

在IIS中WWW日志默认的存储位置是：C:\windows\system\system32\logfiles\w3svc1\，每天都产生一个新日志。如果管理员对其存放位置进行了修改，则可以运用iis.msc对其进行查看，再通过查看网站的属性来查找到其存放位置，此时，就可以在"命令提示符"窗口中通过"del *.*"命令来清除日志文件了。

但这个方法删除不掉当天的日志，这是因为w3svc服务还在运行着。可以用"net stop w3vsc"命令把这个服务停止之后，再用"del *.*"命令，就可以清除当天的日志了。

用户还可以用记事本把日志文件打开，删除其内容之后再进行保存也可以清除日志。最后用"net start w3svc"命令再启动w3svc服务就可以了。

💧提示：删除日志前必须先停止相应的服务，再进行删除即可。日志删除后务必要记得再打开相应的服务。

2.　清除FTP日志

FTP日志的默认存储位置为C:\windows\system\system32\logfiles\msftpsvc1\，其清除方法和清除WWW日志的方法差不多，只是所要停止的服务不同。

清除FTP日志的具体操作步骤如下。

Step 01 在"命令提示符"窗口中运行net stop mstfpsvc命令即可停掉msftpsvc服务，如图11-55所示。

图 11-55　停止 msftpsvc 服务

Step 02 运行"del *.*"命令或找到日志文件，并将其内容删除。

Step 03 最后通过运行net start msftpsvc命令，再打开msftpsvc服务即可，如图11-56所示。

💡**提示**：也可修改目标计算机中的日志文件，其中WWW日志文件存放在w3svc1文件夹下，FTP日志文件存放在msftpsvc文件夹下，每个日志都是以eX.log为命名的（其中X代表日期）。

图 11-56 运行 msftpsvc 服务

11.5 实战演练

11.5.1 实战1：保存系统日志文件

将日志文件存档可以方便分析日志信息，从而找出异常日志信息，将日志文件存档的具体操作步骤为：

Step 01 单击"▦"按钮，在弹出的快捷菜单中选择"计算机管理"菜单命令，如图11-57所示。

图 11-57 "计算机管理"菜单命令

Step 02 打开"计算机管理"窗口，在其中展开"事件查看器"图标，右击要保存的日志，如这里选择"Windows日志"选项下的"系统"选项，在弹出的快捷菜单中选择"将所有事件另存为"菜单命令，如图11-58所示。

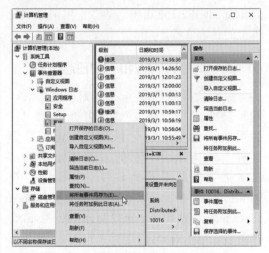

图 11-58 "将所有事件另存为"菜单命令

Step 03 打开"另存为"对话框，在"文件名"文本框中输入日志名称，这里输入"系统日志"，如图11-59所示。

图 11-59 "另存为"对话框

Step 04 单击"保存"按钮，弹出"显示信息"对话框，在其中设置相应的参数，然后单击"确定"按钮即可将日志文件保存到本地计算机之中，如图11-60所示。

图 11-60　"显示信息"对话框

11.5.2　实战2：清理磁盘垃圾文件

在没有安装专业的清理垃圾的软件前，用户可以手动清理磁盘垃圾临时文件，为系统盘瘦身。具体操作步骤如下。

Step 01 选择"开始"→"所有应用"→"Windows系统"→"运行"菜单命令，在"打开"文本框中输入cleanmgr命令，按Enter键确认，如图11-61所示。

图 11-61　"运行"对话框

Step 02 弹出"磁盘清理：驱动器选择"对话框，单击"驱动器"下面的向下按钮，在弹出的下拉菜单中选择需要清理临时文件的磁盘分区，如图11-62所示。

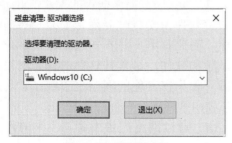

图 11-62　选择驱动器

Step 03 单击"确定"按钮，弹出"磁盘清理"对话框，并开始自动计算清理磁盘垃圾，如图11-63所示。

图 11-63　"磁盘清理"对话框

Step 04 弹出"Windows10（C:）的磁盘清理"对话框，在"要删除的文件"列表中显示扫描出的垃圾文件和大小，选择需要清理的临时文件，单击"清理系统文件"按钮，如图11-64所示。

图 11-64　选择要清理的文件

Step 05 系统开始自动清理磁盘中的垃圾文件，并显示清理的进度，如图11-65所示。

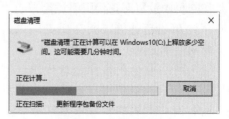

图 11-65　清理垃圾文件

第12章 病毒和木马的入侵与防御

随着信息化社会的发展，计算机病毒的威胁日益严重，反病毒的任务也更加艰巨。本章就来介绍病毒和木马的查杀与预防，主要内容包括什么是病毒和木马、常见的病毒种类以及如何防御病毒和木马的危害等内容。

12.1 认识病毒

随着网络的普及，病毒也更加泛滥，它对计算机有着强大的控制和破坏能力，能够盗取目标主机的登录账户和密码、删除目标主机的重要文件、重新启动目标主机、使目标主机系统瘫痪等。因此，熟知病毒的相关内容就显得非常重要。

12.1.1 计算机病毒的种类

平常所说的电脑病毒，是人们编写的一种特殊的计算机程序，能通过修改计算机内的其他程序把自身复制到其他程序中，从而完成对其他程序的感染和侵害。之所以称其为"病毒"，是因为它具有与微生物病毒类似的特征：在计算机系统内生存，在计算机系统内传染，还能进行自我复制，并且抢占计算机系统资源，干扰计算机系统的正常工作。

电脑病毒有很多种，主要有以下几类，如表12-1所示。

表12-1　计算机病毒分类

病　　毒	病 毒 特 征
文件型病毒	这种病毒会将它自己的代码附上可执行文件（.exe、.com、.bat等）
引导型病毒	引导型病毒包括两类：一类是感染分区的；另一类是感染引导区的
宏病毒	一种寄存在文档或模板中的计算机病毒；打开文档，宏病毒会被激活，破坏系统和文档的运行
其他类	例如一些最新的病毒使用网站和电子邮件传播，它们隐藏在Java和ActiveX程序里面，如果用户下载了含有这种病毒的程序，它们便立即开始破坏活动

12.1.2 计算机中毒的途径

常见计算机中毒的途径有以下几种。

（1）单击超链接中毒。这种入侵方法主要是在网页中放置恶意代码引诱用户点击，一旦用户单击超链接，就会感染病毒，因此不要随便单击网页中的链接。

（2）网站中存在各种恶意代码，借助浏览器的漏洞，强制用户安装一些恶意软件，而且有些顽固的软件很难卸载。建议用户及时更新系统补丁，对于不了解的插件不要随便安装，以免给病毒流行可乘之机。

（3）通过下载附带病毒的软件中毒，有些破解软件在安装时会附带安装一些病毒程序，而此时用户并不知道。建议用户下载正版的软件，尽量到软件的官方网站去下载。如果在其他的网站上下载了软件，可以使用杀毒软件先查杀一遍。

（4）通过网络广告中毒。上网时经常

可以看到一些自动弹出的广告,包括悬浮广告、异常图片等。特别是一些中奖广告,往往带有病毒链接。

12.1.3　计算机中病毒后的表现

一般情况下,计算机病毒依附某一系统软件或用户程序进行繁殖和扩散,病毒发作时危及计算机的正常工作,破坏数据与程序,侵占计算机资源等。

计算机在感染病毒后的现象为:

（1）屏幕显示异常,屏幕显示出不是由正常程序产生的画面或字符串,屏幕显示混乱。

（2）程序装入时间增长,文件运行速度下降。

（3）用户并没有访问的设备出现"忙"信号。

（4）磁盘出现莫名其妙的文件和磁盘坏区,卷标也发生变化。

（5）系统自行引导。

（6）丢失数据或程序,文件字节数发生变化。

（7）内存空间、磁盘空间减少。

（8）异常死机。

（9）磁盘访问时间比平常增长。

（10）系统引导时间增长。

（11）程序或数据神秘丢失。

（12）可执行文件的大小发生变化。

（13）出现莫名其妙的隐藏文件。

12.2　查杀病毒

当自己的计算机出现中毒的特征后,就需要对其查杀病毒。目前流行的杀毒软件很多,《360杀毒》是当前使用比较广泛的杀毒软件之一,该软件拥有完善的病毒防护体系,不但查杀能力出色,而且对于新产生的病毒和木马能够第一时间进行防御。

12.2.1　安装杀毒软件

《360杀毒》软件下载完成后,即可进行安装杀毒软件,具体操作步骤如下。

Step 01　双击下载的《360杀毒》软件安装程序,打开如图12-1所示的安装界面。

图 12-1　《360杀毒》软件安装界面

Step 02　单击"立即安装"按钮,开始安装《360杀毒》,并显示安装的进度,如图12-2所示。

图 12-2　安装进度

Step 03　安装完毕后,打开《360杀毒》主界面,完成其的安装,如图12-3所示。

图 12-3　完成安装

12.2.2 升级病毒库

病毒库其实就是一个数据库，里面记录着计算机病毒的种种特征，以便及时发现病毒并绞杀它们。只有拥有了病毒库，杀毒软件才能区分病毒和普通程序。

新病毒层出不穷，可以说每天都有难以计数的新病毒产生。想要让计算机能够对新病毒有所防御，就必须保证本地杀毒软件的病毒库一直处于最新版本。下面以《360杀毒》的病毒库升级为例进行介绍，具体操作步骤如下。

1. 手动升级病毒库

升级《360杀毒》病毒库的具体操作步骤如下。

Step 01 单击《360杀毒》主界面的"检查更新"链接，如图12-4所示。

图 12-4　360 杀毒工作界面

Step 02 弹出"360杀毒-升级"对话框，提示用户正在升级，并显示升级的进度，如图12-5所示。

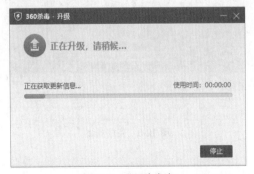

图 12-5　升级病毒库

Step 03 升级完成后，弹出"360杀毒-升级"对话框，提示用户升级成功完成，并显示程序的版本等信息，单击"关闭"按钮即可完成病毒库的更新，如图12-6所示。

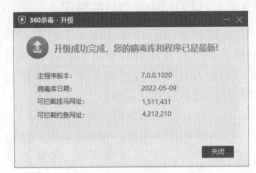

图 12-6　完成病毒库的升级

2. 制订病毒库升级计划

为了减去用户实时操心病毒库更新的问题，可以给杀毒软件制订一个病毒库自动更新的计划。

Step 01 打开《360杀毒》的主界面，单击右上角的"设置"链接，如图12-7所示。

图 12-7　"设置"超链接

Step 02 弹出"设置"对话框，用户可以通过选择"常规设置""病毒扫描设置""实时防护设置""升级设置""系统白名单"和"免打扰设置"等选项，详细地设置杀毒软件的参数，如图12-8所示。

Step 03 选择"升级设置"选项，在弹出的对话框中用户可以设置自动升级设置和代理服务器设置，设置完成后单击"确定"按钮，如图12-9所示。

图 12-8　"设置"对话框

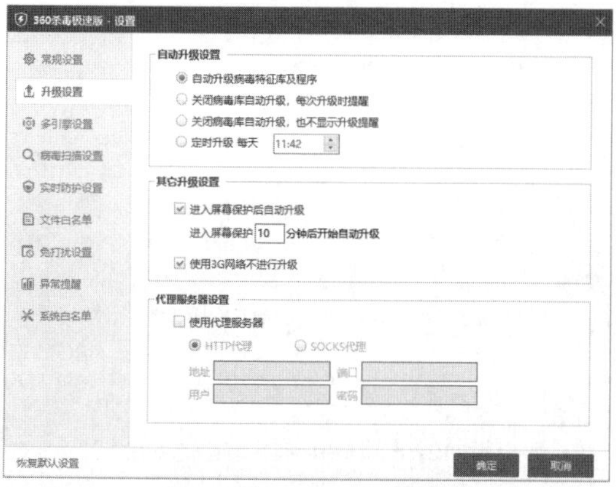

图 12-9　"升级设置"界面

　　自动升级设置由3部分组成，用户可根据需求自行选择。

　　（1）自动升级病毒特征库及程序：选中该项后，只要360杀毒程序发现网络上有病毒库及程序的升级，就会马上自动更新。

　　（2）关闭病毒库自动升级，每次升级时提醒：网络上有版本升级时，不直接更新，而是给用户一个升级提示框，升级与否由用户自己决定。

　　（3）关闭病毒库自动升级，也不显示升级提醒：网络上有版本升级时，不进行病毒库升级，也不显示提醒信息。

　　（4）定时升级：制订一个升级计划，在每天的指定时间直接连接网络上的更新版本进行升级。

　　💿注意：一般不建议用户对代理服务器设置项进行设置。

12.2.3　快速查杀病毒

　　一旦发现计算机运行不正常，用户应首先分析原因，然后即刻利用杀毒软件进行杀毒操作。下面以"360杀毒"查杀病毒为例讲解如何利用杀毒软件杀毒。

　　使用《360杀毒》软件杀毒的具体操作步骤如下。

　　Step 01 启动《360杀毒》，《360杀毒》为用户提供了3种查杀病毒的方式，即快速扫描、全盘扫描和自定义扫描，如图12-10所示。

图 12-10　选择杀毒方式

　　Step 02 这里选择快速扫描方式，单击"快速扫描"按钮即可开始扫描系统中的病毒文件，如图12-11所示。

图 12-11　快速扫描

　　Step 03 在扫描的过程中，如果发现木马病毒，则会在下面的空格中显示扫描出来的木马病毒，并列出了其危险程度和相关描述信息，如图12-12所示。

　　Step 04 单击"立即处理"按钮即可删除扫

描出来的木马病毒或安全威胁对象，如图
12-13所示。

图 12-12　扫描完成

图 12-13　显示高危风险项

Step 05 单击"确定"按钮，返回"360杀
毒"窗口，在其中显示了被处理的项目，如
图12-14所示。

图 12-14　处理病毒文件

Step 06 单击"隔离区"超链接，打开"360
恢复区"对话框，在其中显示了被处理的
项目，如图12-15所示。

图 12-15　"360恢复区"对话框

Step 07 勾选"全选"复选框，选中所有恢复
区的项目，如图12-16所示。

图 12-16　选中所有恢复区的项目

Step 08 单击"清空恢复区"按钮，弹出一个
信息提示框，提示用户是否确定要一键清
空恢复区的所有隔离项，如图12-17所示。

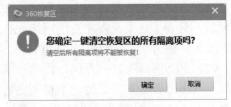

图 12-17　信息提示框

Step 09 单击"确定"按钮，开始清除恢复
区的所有项目，并显示清除的进度，如图
12-18所示。

Step 10 清除恢复区所有项目完毕后，将返回
"360恢复区"对话框，如图12-19所示。

　　另外，使用《360杀毒》还可以对系统
进行全盘杀毒。只需在病毒查杀选项卡下
单击"全盘扫描"按钮即可，全盘扫描和
快速扫描类似，这里不再赘述。

图 12-18 清除恢复区的所有项目

图 12-19 "360 恢复区"对话框

12.2.4 自定义查杀病毒

下面再来介绍一下如何对指定位置进行病毒的查杀，具体的操作步骤如下。

Step 01 在《360杀毒》工作界面中选择"自定义扫描"选项，如图12-20所示。

图 12-20 选择"自定义扫描"

Step 02 打开"选择扫描目录"对话框，在需要扫描的目录或文件前勾选相应的复选框，这里勾选"本地磁盘（C）"复选框，如图12-21所示。

Step 03 单击"扫描"按钮，开始对指定目录进行扫描，如图12-22所示。

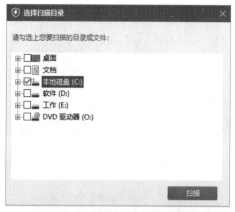

图 12-21 "选择扫描目录"对话框

图 12-22 扫描指定目录

Step 04 其余步骤和快速查杀相似，不再赘述。

提示： 大部分杀毒软件查杀病毒的方法比较相似，用户可以利用自己的杀毒软件进行类似的病毒查杀操作。

12.2.5 查杀宏病毒

使用《360杀毒》还可以对宏病毒进行查杀，具体的操作步骤如下。

Step 01 在《360杀毒》的主界面中单击"宏病毒扫描"图标，如图12-23所示。

Step 02 弹出"360杀毒"对话框，提示用户扫描前需要保存并关闭已经打开的Office文档，如图12-24所示。

Step 03 单击"确定"按钮，开始扫描计算机中的宏病毒，并显示扫描的进度，如图12-25所示。

图 12-23　选择"宏病毒扫描"图标

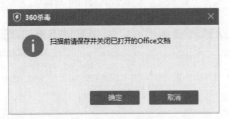

图 12-24　信息提示框

图 12-25　显示扫描进度

Step 04 扫描完成后，可对扫描出来的宏病毒进行处理，这与快速查杀相似，这里不再赘述。

12.3　认识木马

在计算机领域，木马是一类恶意程序，具有隐藏性和自发性等特性，可被用来进行恶意行为的攻击。

12.3.1　常见的木马类型

木马又被称为特洛伊木马，是一种基

于远程控制的黑客工具，在黑客进行的各种攻击行为中，木马都起到了开路先锋的作用。一台计算机一旦中了木马，就变成了一台傀儡机，对方可以在目标计算机中上传下载文件、偷窥私人文件、盗取各种密码及口令信息等。可以说，该计算机的一切秘密都将暴露在黑客面前，隐私将不复存在！

随着网络技术的发展，现在的木马可谓形形色色，种类繁多，并且还在不断增加。因此，要想一次性列举出所有的木马种类，是不可能的。但是，从木马的主要攻击能力来划分，常见的木马主要有以下几种类型。

1. 网络游戏木马

由于网络游戏中的金钱、装备等虚拟财富与现实财富之间的界限越来越模糊，因此，以盗取网络游戏账号密码为目的的木马也随之发展泛滥起来。网络游戏木马通常采用记录用户键盘输入、游戏进程、API函数等方法获取用户的密码和账号，窃取到的信息一般通过发送电子邮件或向远程脚本程序提交的方式发送给木马制作者。

2. 网银木马

网银木马是针对网上交易系统编写的木马，其目的是盗取用户的卡号、密码等信息。此类木马的危害非常直接，受害用户的损失也更加惨重。

网银木马通常针对性较强，木马作者可能首先对某银行的网上交易系统进行仔细分析，然后针对安全薄弱环节编写病毒程序。如"网银大盗"木马，在用户进入银行网银登录页面时，会自动把页面换成安全性能较差、但依然能够运转的老版页面，然后记录用户在此页面上填写的卡号和密码。随着网上交易的普及，受到外来网银木马威胁的用户也在不断增加。

3. 即时通信软件木马

现在，即时通信软件百花齐放，如QQ、微信等，而且网上聊天的用户群也十分庞大，常见的即时通信类木马一般有发送消息型与盗号型。

（1）发送消息型：通过即时通信软件自动发送含有恶意网址的消息，目的在于让收到消息的用户单击网址激活木马，用户中木马后又会向更多好友发送木马消息，此类木马常用技术是搜索聊天窗口，进而控制该窗口自动发送文本内容。

（2）盗号型木马：主要目标在于盗取即时通信软件的登录账号和密码。工作原理和网络游戏木马类似，木马作者盗得他人账号后，可以偷窥聊天记录等隐私内容。

4. 破坏性木马

顾名思义，破坏性木马唯一的功能就是破坏感染木马的计算机文件系统，使其遭受系统崩溃或者重要数据丢失的巨大损失。

5. 代理木马

代理木马最重要的任务是给被控制的"肉鸡"种上代理木马，让其变成攻击者发动攻击的跳板。通过这类木马，攻击者可在匿名情况下使用Telnet、ICO、IRC等程序，从而在入侵的同时隐蔽自己的踪迹，谨防别人发现自己的身份。

6. FTP木马

FTP木马的唯一功能就是打开21端口并等待用户连接，新FTP木马还加上了密码功能，这样只有攻击者本人才知道正确的密码，从而进入对方的计算机。

7. 反弹端口型木马

反弹端口型木马的服务端（被控制端）使用主动端口，客户端（控制端）使用被动端口，正好与一般木马相反。木马定时监测控制端的存在，发现控制端上线立即弹出，主动连接控制端打开的主动端口。

12.3.2 木马常用的入侵方法

木马程序千变万化，但大多数木马程序并没有特别的功能，入侵方法大致相同。常见的入侵方法有以下几种。

1. 在Win.ini文件中加载

Win.ini文件位于C:\Windows目录下，在文件的[windows]段中有启动命令run=和load=，一般此两项为空，如果等号后面存在程序名，则可能就是木马程序。应特别当心，这时可根据其提供的源文件路径和功能做进一步检查。

这两项分别是用来当系统启动时自动运行和加载程序的，如果木马程序加载到这两个子项中，系统启动后即可自动运行或加载木马程序。这两项是木马经常攻击的方向，一旦攻击成功，则还会在现有加载的程序文件名之后再加一个它自己的文件名或者参数，这个文件名也往往是常见的文件，如用command.exe、sys.com等来伪装。

2. 在System.ini文件中加载

System.ini位于C:\Windows目录下，其[boot]字段的shell=Explorer.exe是木马喜欢的隐藏加载地方。如果shell=Explorer.exe file.exe，则file.exe就是木马服务端程序。

另外，在System.ini中的[386Enh]字段中，要注意检查字段内的driver＝路径\程序名也有可能被木马所利用。再有就是System.ini中的mic、drivers、drivers32这3个字段，也是起加载驱动程序的作用，但也是增添木马程序的好场所。

3. 隐藏在启动组中

有时木马并不在乎自己的行踪，而在意

是否可以自动加载到系统中。启动组无疑是自动加载运行木马的好场所，其对应文件夹为C:\Windows\startmenu\programs\startup。在注册表中的位置是：HKEY_CURRENT_USER\Software\Microsoft\Windows\Current Version\Explorer\shell Folders Startup="C:\Windows\start menu\programs\startup"，所以要检查检查启动组。

4. 加载到注册表中

由于注册表比较复杂，所以很多木马都喜欢隐藏在这里。木马一般会利用注册表中的下面几个子项来加载。

```
HKEY_LOCAL_MACHINE\Software\
Microsoft \Windows\CurrentVersion\
RunServersOnce;
HKEY_LOCAL_MACHINE\Software\
Microsoft\Windows\Current Version\Run;
HKEY_LOCAL_MACHINE\Software\
Microsoft\Windows\Current Version\
RunOnce;
HKEY_CURRENT_USER\Software\
Microsoft\Windows\Current Version\Run;
HKEY_CURRENT_USER\Software\
Microsoft\Windows\Current Version\
RunOnce;
HKEY_CURRENT_USER\Software\
Microsoft\Windows\CurrentVersion\
RunServers;
```

5. 修改文件关联

修改文件关联也是木马常用的入侵手段，当用户一旦打开已修改了文件关联的文件后，木马也随之被启动，如冰河木马就是利用文本文件（.txt）这个最常见但又最不引人注目的文件格式关联来加载自己，当中了该木马的用户打开文本文件时就自动加载了冰河木马。

6. 设置在超链接中

这种入侵方法主要是在网页中放置恶意代码来引诱用户单击，一旦用户单击超链接，就会感染木马，因此，不要随便单击网页中的链接。

12.4　木马常用的伪装手段

由于木马的危害性比较大，所以很多用户对木马也有了初步的了解，这在一定程度上阻碍了木马的传播。这是运用木马进行攻击的黑客所不愿意看到的。因此，黑客们往往会使用多种方法来伪装木马，迷惑用户的眼睛，从而达到欺骗用户的目的。木马常用的伪装手段很多，如伪装成可执行文件、网页、图片、电子书等。

12.4.1　伪装成可执行文件

利用EXE捆绑机可以将木马与正常的可执行文件捆绑在一起，从而使木马伪装成可执行文件，运行捆绑后的文件等于同时运行了两个文件。将木马伪装成可执行文件的具体操作步骤如下。

Step 01 下载并解压缩EXE捆绑机，双击其中的可执行文件，打开"EXE捆绑机"主界面，如图12-26所示。

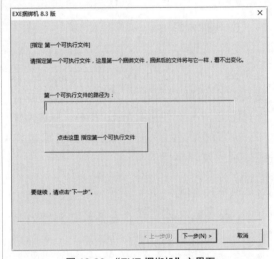

图 12-26　"EXE 捆绑机"主界面

Step 02 单击"点击这里 指定第一个可执行文件"按钮，打开"请指定第一个可执行文件"对话框，在其中选择第一个可执行文件，如图12-27所示。

图 12-27　选择第一个可执行文件

Step 03 单击"打开"按钮，返回"指定第一个可执行文件"界面，如图12-28所示。

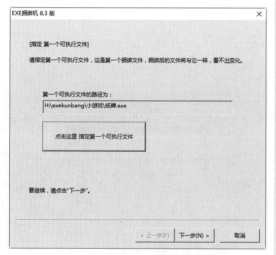

图 12-28　"指定第一个可执行文件"界面

Step 04 单击"下一步"按钮，打开"指定 第二个可执行文件"界面，如图12-29所示。

Step 05 单击"点击这里 指定第二个可执行文件"按钮，打开"请指定第二个可执行文件"对话框，在其中选择已经制作好的木马文件，如图12-30所示。

Step 06 单击"打开"按钮，返回到"指定 第二个可执行文件"界面，如图12-31所示。

Step 07 单击"下一步"按钮，打开"指定保存路径"界面，如图12-32所示。

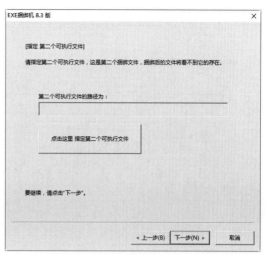

图 12-29　选择第二个可执行文件

图 12-30　选择制作好的木马文件

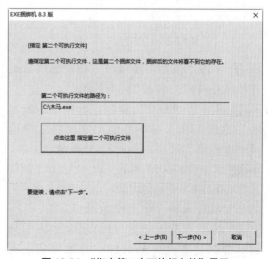

图 12-31　"指定第二个可执行文件"界面

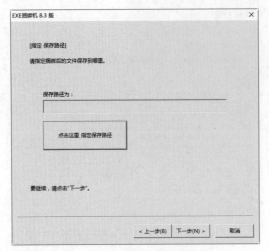

图 12-32 "指定保存路径"界面

Step 08 单击"点击这里 指定保存路径"按钮，打开"保存为"对话框，在"文件名"文本框中输入可执行文件的名称，并设置文件的保存类型，如图12-33所示。

图 12-33 "保存为"对话框

Step 09 单击"保存"按钮即可指定捆绑后文件的保存路径，如图12-34所示。

Step 10 单击"下一步"按钮，打开"选择版本"界面，在"版本类型"下拉列表中选择"普通版"选项，如图12-35所示。

Step 11 单击"下一步"按钮，打开"捆绑文件"界面，提示用户开始捆绑第一个可执行文件与第二个可执行文件，如图12-36所示。

Step 12 单击"点击这里 开始捆绑文件"按钮，开始进行文件的捆绑。待捆绑结束之后，可看到"捆绑文件成功"提示框。单击"确定"按钮，结束文件的捆绑，如图

12-37所示。

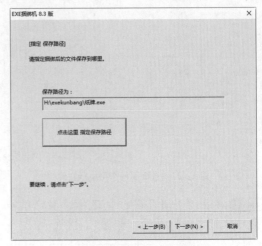

图 12-34 指定文件的保存路径

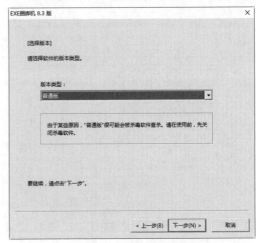

图 12-35 "选择版本"界面

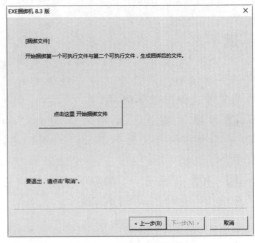

图 12-36 "捆绑文件"界面

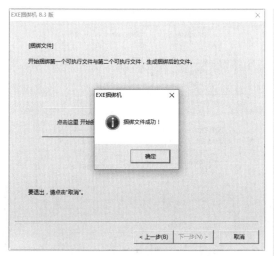

图 12-37 "捆绑文件成功"提示框

💡提示：黑客可以使用木马捆绑技术将一个正常的可执行文件和木马捆绑在一起。一旦用户运行这个包含有木马的可执行文件，就可以通过木马控制或攻击用户的计算机。

12.4.2 伪装成自解压文件

利用WinRAR的压缩功能可以将正常的文件与木马捆绑在一起，并生成自解压文件，一旦用户运行该文件，同时也会激活木马文件，这也是木马常用的伪装手段之一，具体的操作步骤如下。

Step 01 准备好要捆绑的文件，这里选择的是一个蜘蛛纸牌和木马文件（木马.exe），并存放在同一个文件夹下，如图12-38所示。

图 12-38 准备要捆绑的文件

Step 02 选中蜘蛛纸牌和木马文件（木马.exe）所在的文件夹并右键，在快捷菜单中选择"添加到压缩文件"选项，如图12-39所示。

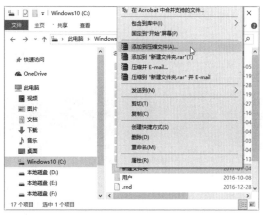

图 12-39 压缩文件

Step 03 打开"压缩文件名字和参数"对话框。在"常规"选项卡的"压缩文件名"文本框中输入要生成的压缩文件的名称，并勾选"创建自解压格式压缩文件"复选框，如图12-40所示。

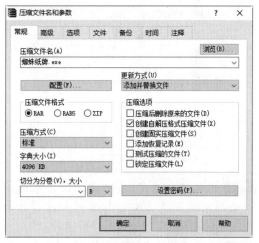

图 12-40 "常规"选项卡

Step 04 选择"高级"选项卡，在其中勾选"保存文件安全数据""保存文件流数据""后台压缩""完成操作后关闭计算机电源""如果其他WinRAR副本被激活则等待"复选框，如图12-41所示。

Step 05 单击"自解压选项"按钮，打开"高级自解压选项"对话框，在"解压路径"
文本框中输入解压路径，并选中"在当
前文件夹中创建"单选按钮，如图12-42
所示。

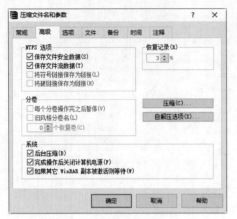

图 12-41 "高级"选项卡

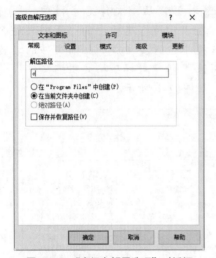

图 12-42 "高级自解压选项"对话框

Step 06 选择"模式"选项卡，在其中选中
"全部隐藏"单选按钮，这样可以增加木
马程序的隐蔽性，如图12-43所示。

Step 07 为了更好地迷惑用户，还可以在"文
本和图标"选项卡下设置"自解压文件窗
口标题""自解压文件窗口中显示的文
本"等，如图12-44所示。

Step 08 设置完毕后，单击"确定"按钮，返
回"压缩文件名和参数"对话框。在"注
释"选项卡中可以看到自己所设置的各
项，如图12-45所示。

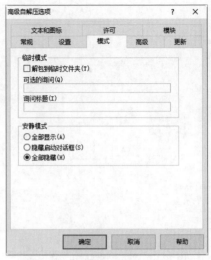

图 12-43 "模式"选项卡

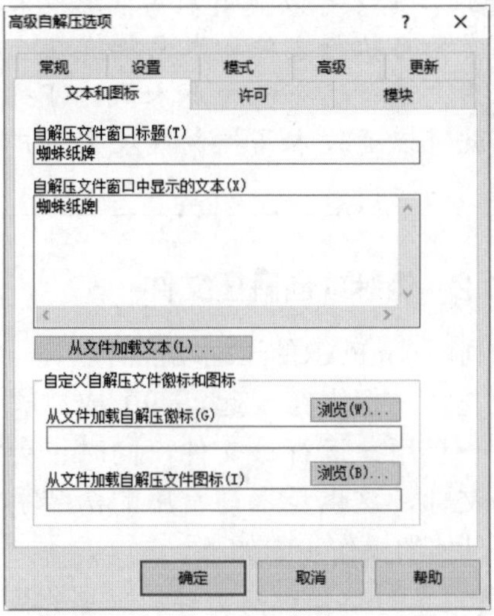

图 12-44 "文本和图标"选项卡

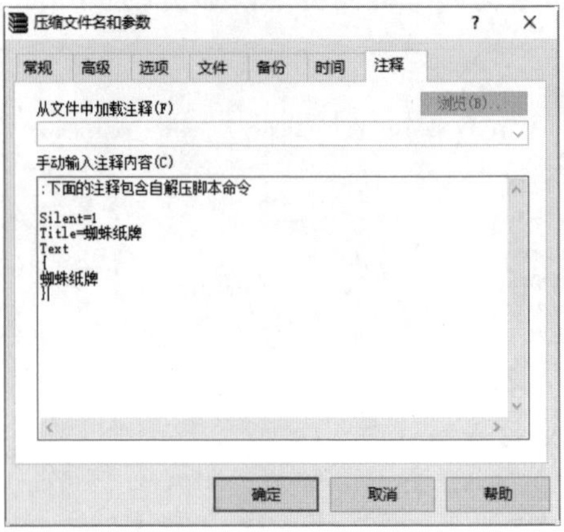

图 12-45 "注释"选项卡

Step 09 单击"确定"按钮，生成一个名为"蜘蛛纸牌"自解压的压缩文件。这样用户一旦运行该文件后就会中木马，如图12-46所示。

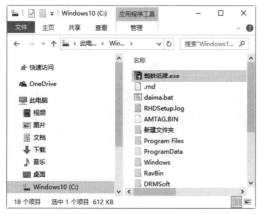

图 12-46　自解压压缩文件

12.4.3　将木马伪装成图片

将木马伪装成图片是许多木马制造者常用来骗别人执行木马的方法，例如将木马伪装成GIF、JPG格式的文件等。这种方式可以使很多人中招。用户可以使用图片木马生成器工具将木马伪装成图片，具体的操作步骤如下。

Step 01 下载并运行"图片木马生成器"程序，打开"图片木马生成器"主窗口，如图12-47所示。

图 12-47　"图片木马生成器"主窗口

Step 02 在"网页木马地址"和"真实图片地址"文本框中分别输入网页木马和真实图

片地址；在"选择图片格式"下拉列表中选择"jpg"选项，如图12-48所示。

图 12-48　设置图片信息

Step 03 单击"生成"按钮，随即弹出"图片木马生成完毕"提示框，单击"确定"按钮，关闭该提示框，这样只要打开该图片，就可以自动把该地址的木马下载到本地并运行，如图12-49所示。

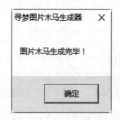

图 12-49　信息提示框

12.4.4　将木马伪装成网页

网页木马实际上是一个HTML网页，与其他网页不同，该网页是黑客精心制作的，用户一旦访问了该网页就会中木马。下面以最新网页木马生成器为例介绍制作网页木马的过程。

提示：在制作网页木马之前，必须有一个木马服务器端程序，在这里使用生成木马程序文件名为"muma.exe"。

Step 01 运行"最新网页木马生成器"主程序后，打开其对话框，如图12-50所示。

Step 02 单击"选择木马"文本框右侧的"浏览"按钮，打开"另存为"对话框，在其中选择刚才准备的木马文件木马.exe，如图

12-51所示。

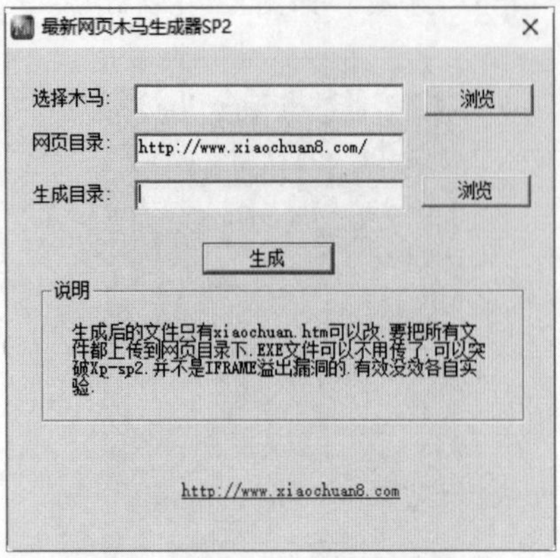

图 12-50 "最新网页木马生成器"对话框

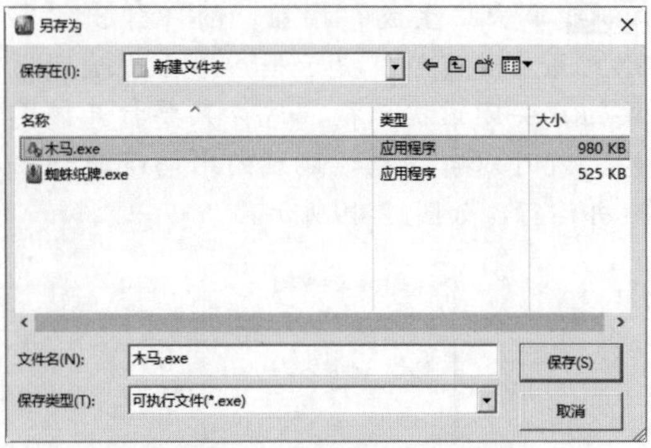

图 12-51 "另存为"对话框

Step 03 单击"保存"按钮，返回"最新网页木马生成器"对话框。在"网页目录"文本框中输入相应的网址，如http://www.index.com/，如图12-52所示。

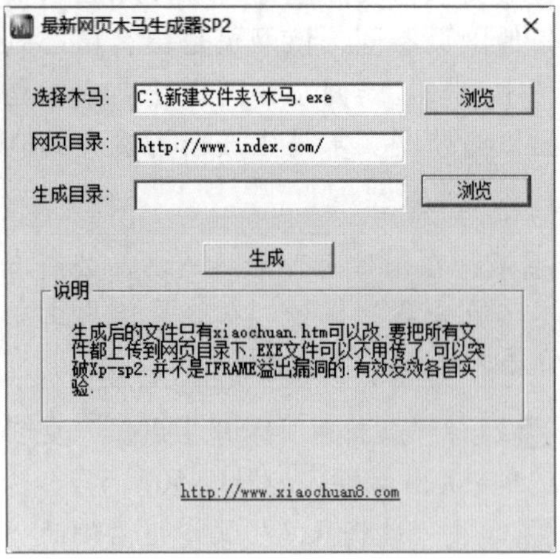

图 12-52 输入网址

Step 04 单击"生成目录"文本框右侧"浏览"按钮，打开"浏览文件夹"对话框，在其中选择生成目录保存的位置，如图12-53所示。

图 12-53 "浏览文件夹"对话框

Step 05 单击"确定"按钮，返回"最新网页木马生成器"对话框，如图12-54所示。

图 12-54 "最新网页木马生成器"对话框

Step 06 单击"生成"按钮，弹出一个信息提示框，提示用户"网页木马创建成功"。单击"确定"按钮，成功生成网页木马，如图12-55所示。

图 12-55 信息提示框

Step 07 在木马生成目录"H:\7.20wangye"文件夹中可以看到生成的bbs003302.css、bbs003302.gif以及index.htm 3个网页木马。其中index.htm是网站的首页文件，而另外2个是调用文件，如图12-56所示。

图12-56　网页木马文件

Step 08 将生成的3个木马上传到前面设置的存在木马的Web文件夹中，当浏览者一旦打开这个网页，浏览器就会自动在后台下载指定的木马程序并开始运行。

💡**提示**：在设置存放木马的Web文件夹路径时，设置的路径必须是某个可访问的文件夹，一般位于自己申请的一个免费网站上。

12.5　检测与查杀木马

木马是黑客最常用的攻击方法，从而影响网络和计算机的正常运行，其危害程度越来越严重，主要表现在于其对计算机系统有强大的控制和破坏能力，如窃取主机的密码、控制目标主机的操作系统和文件等。

12.5.1　使用《360安全卫士》查杀木马

使用《360安全卫士》可以查询系统中的顽固木马病毒文件，以保证系统安全。使用《360安全卫士》查杀顽固木马病毒的操作步骤如下。

Step 01 在《360安全卫士》的工作界面中单击"木马查杀"按钮，进入360安全卫士木马病毒查杀工作界面，在其中可以看到360安全卫士为用户提供了3种查杀方式，如图12-57所示。

图12-57　360安全卫士

Step 02 单击"快速查杀"按钮，开始快速扫描系统关键位置，如图12-58所示。

图12-58　扫描木马信息

Step 03 扫描完成后，给出扫描结果，对于扫描出来的危险项，用户可以根据实际情况自行清理，也可以直接单击"一键处理"按钮，对扫描出来的危险项进行处理，如图12-59所示。

图12-59　扫描出的危险项

Step 04 单击"一键处理"按钮，开始处理扫描出来的危险项，处理完成后，弹出"360木马查杀"对话框，在其中提示用户处理成功，如图12-60所示。

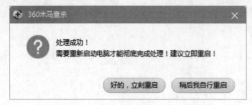

图12-60 "360木马查杀"对话框

12.5.2 使用《木马专家》清除木马

木马专家2022是专业防杀木马软件，针对目前流行的木马病毒特别有效，可以彻底查杀各种流行的QQ盗号木马、网游盗号木马、灰鸽子、黑客后门等10万种木马间谍程序，是计算机不可缺少的坚固堡垒。使用木马专家查杀木马的具体操作步骤如下。

Step 01 双击桌面上的《木马专家2022》快捷图标，打开如图12-61所示的界面，提示用户程序正在载入。

图12-61 木马专家启动界面

Step 02 程序载入完成后，弹出"木马专家2022"的工作界面，如图12-62所示。

Step 03 单击"扫描内存"按钮，弹出"扫描内存"信息提示框，提示用户是否使用云鉴定全面分析系统，如图12-63所示。

Step 04 单击"确定"按钮，开始对计算机内存进行扫描，如图12-64所示。

Step 05 扫描完成后，会在右侧的窗格中显示扫描的结果，如果存在木马，直接将其删除即可，如图12-65所示。

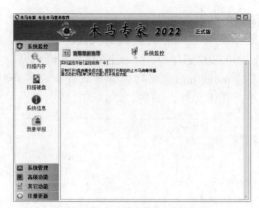

图12-62 "木马专家"工作界面

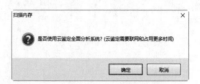

图12-63 扫描内存提示框

图12-64 扫描计算机内存

Step 06 单击"扫描硬盘"按钮，进入"硬盘扫描分析"工作界面，在其中提供了3种扫描模式，分别是"开始快速扫描""开始全面扫描""开始自定义扫描"，用户可以根据自己的需要进行选择，如图12-66所示。

Step 07 这里单击"开始快速扫描"按钮，开始对计算机进行快速扫描，如图12-67所示。

Step 08 扫描完成后，会在右侧的窗格中显示扫描的结果，如图12-68所示。

Step 09 单击"系统信息"按钮，进入"系统信息"工作界面，在其中可以查看计算机内存与CUP的使用情况，同时可以对内存进行优化处理，如图12-69所示。

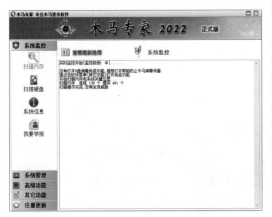

图 12-65　显示扫描的结果

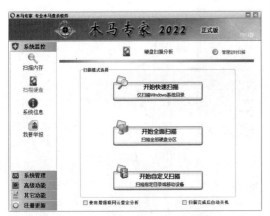

图 12-66　"硬盘扫描分析"工作界面

图 12-67　快速扫描木马

12-70所示。

图 12-68　扫描结果

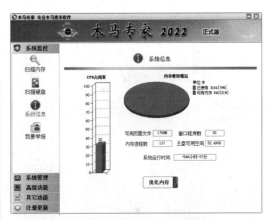

图 12-69　"系统信息"工作界面

图 12-70　"系统管理"工作界面

Step 10 单击"系统管理"按钮，进入"系统管理"工作界面，在其中可以对计算机的进程、启动项等内容进行管理操作，如图

Step 11 单击"高级功能"按钮，进入木马专家的"高级功能"工作界面，在其中可以对计算机进行系统修复、隔离仓库等高级功能的操作，如图12-71所示。

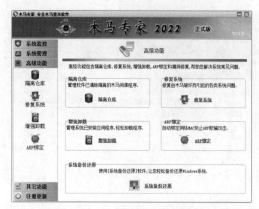

图 12-71 "高级功能"工作界面

Step 12 单击"其他功能"按钮，进入"其他功能"工作界面，在其中可以查看网络状态、监控日志等，同时还可以对U盘病毒进行免疫处理，如图12-72所示。

图 12-72 "其他功能"工作界面

Step 13 单击"注册更新"按钮，并单击其下方的"功能设置"按钮，可在打开的界面中设置木马专家2022的相关功能，如图12-73所示。

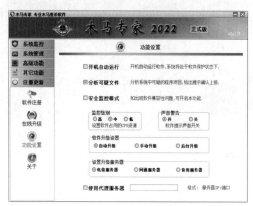

图 12-73 "功能设置"工作界面

12.6 实战演练

12.6.1 实战1：在Word中预防宏病毒

包含宏的工作簿更容易感染病毒，所以用户需要提高宏的安全性。下面以在Word 2016中预防宏病毒为例，来介绍预防宏病毒的方法，具体操作步骤如下：

Step 01 打开包含宏的工作簿，依次选择"文件""选项"选项，如图12-74所示。

图 12-74 选择"选项"

Step 02 打开"Word选项"对话框，选择"信任中心"选项，然后单击"信任中心设置"按钮，如图12-75所示。

图 12-75 "Word 选项"对话框

Step 03 弹出"信任中心"对话框，在左侧列表中选择"宏设置"选项，然后在"宏设置"列表中选中"禁用无数字签署的所有宏"单选按钮，单击"确定"按钮，如图

12-76所示。

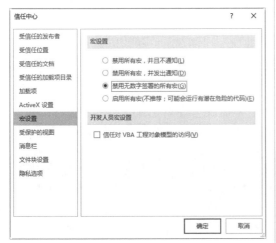

图 12-76 "信任中心"对话框

12.6.2 实战2：在安全模式下查杀病毒

安全模式的工作原理是在不加载第三方设备驱动程序的情况下启动电脑，使电脑运行在系统最小模式，这样用户就可以方便地查杀病毒，还可以检测与修复计算机系统的错误。下面以Windows 10操作系统为例来介绍在安全模式下查杀并修复系统错误的方法。

具体的操作步骤如下。

Step 01 按Win+R组合键，弹出的"运行"对话框，在"打开"文本框中输入msconfig命令，单击"确定"按钮，如图12-77所示。

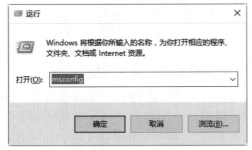

图 12-77 "运行"对话框

Step 02 弹出"系统配置"对话框，选择"引

导"选项，在引导选项下，勾选"安全引导"复选框和选中"最小"单选按钮，如图12-78所示。

图 12-78 "系统配置"对话框

Step 03 单击"确定"按钮，进入系统的安全模式，如图12-79所示。

图 12-79 系统安全模式

Step 04 进入安全模式后，运行杀毒软件，进行病毒的查杀，如图12-80所示。

图 12-80 查杀病毒

第13章　无线网络的入侵与防御

无线网络是使用无线信道作为数据传输的介质，就应用层面而言，与有线网络的用途完全相似，最大的不同是传输信息的媒介不同。Wi-Fi是一种可以将个人电脑、手持设备（如iPad、手机）等终端以无线方式互相连接的技术。本章就来介绍无线网络的入侵与防御，主要内容包括Wi-Fi技术的由来、电子设备Wi-Fi连接、无线路由器的安全防护策略等。

13.1　认识Wi-Fi

说起Wi-Fi，大家都知道可以无线上网。其实，Wi-Fi是一种无线连接方式，并不是无线网络或者是其他无线设备。

13.1.1　Wi-Fi的通信原理

Wi-Fi是一个无线网络通信技术的品牌，由Wi-Fi联盟（Wi-Fi Alliance）所持有，目的在于改善基于IEEE 802.11标准的无线网络产品之间的互通性。Wi-Fi联盟成立于1999年，当时的名称叫作Wireless Ethernet Compatibility Alliance (WECA)，在2002年10月，正式改名为Wi-Fi Alliance。

Wi-Fi遵循ZEEE802.11标准，Wi-Fi通信的过程采用了展频技术，具有很好的抗干扰能力，能够实现反跟踪、反窃听等功能，因此Wi-Fi技术提供的网络服务比较稳定。Wi-Fi技术在基站与终端点对点之间采用2.4GHz频段通信，链路层将以太网协议作为核心，实现信息传输的寻址和校验。

13.1.2　Wi-Fi的主要功能

以前用户通过网线连接电脑，自从有了Wi-Fi技术，则可以通过无线信道联网；常见的无线网络设备就是一个无线路由器，在这个无线路由器的信道覆盖的有效范围内，都可以采用Wi-Fi连接方式进行联网。如果无线路由器连接了一条ADSL线路或者别的上网线路，则无线路由器又可以被称为一个"热点"。

现阶段Wi-Fi技术已经成熟，5G的高速发展为Wi-Fi应用提供了机遇。在5G快速发展的背景下，运营商也越来越重视允许Wi-Fi无线网络访问其PS域数据业务的服务，这样可以缓解蜂窝网络数据流量压力。

13.1.3　Wi-Fi的优势

Wi-Fi通信时组建无线网络，基本配置就需要无线网卡及一台无线访问接入点（AP），将AP与有线网络连接，AP与无线网卡之间通过电磁波传递信息。如果需要组建由几台计算机组成的对等网络，可以直接为计算机安装无线网卡实现，而不需要使用AP。总之，Wi-Fi技术具有如下优势。

1. 无须布线，覆盖范围广

无线局域网由AP和无线网卡组成，AP和无线网卡之间通过无线电波传递信息，不要布线。在一些布线受限的条件下更具有优势，例如在一些古建筑群中搭建局域网，为了不使古建筑受到破坏，不宜在古建筑群中布线，此时可以通过Wi-Fi来搭建无线局域网。Wi-Fi技术使用2.4GHz频段的无线信道，覆盖半径可达100m左右。

2. 速度快，可靠性高

802.11b无线网络规范属于IEEE 802.11网络规范，正常情况下最高带宽可达11Mbps，在信号较弱或者有干扰的情况下带宽可自行调整为5.5Mbps、2Mbps和1Mbps，从而使得无线网络更加稳定可靠。

3. 对人体无害

手机的发射功率为200mw到1w之间，手持式对讲机发射功率为4w到5w之间，而Wi-Fi采用IEEE 802.11标准，要求发射功率不得超过100mw，实际发射功率在60mw到70mw之间。由此可以看出Wi-Fi发射的功率较小，而且不与人体直接接触，对人体影响小。

13.2　电子设备Wi-Fi连接

无线局域网络的搭建给家庭无线办公带来了很多方便，而且可随意改变家庭里的办公位置而不受束缚，大大适合了现代人的追求。

13.2.1　搭建无线网环境

建立无线局域网的操作比较简单，在有线网络到户后，用户只需连接一个具有无线Wi-Fi功能的路由器，然后各房间里的电脑、笔记本电脑、手机和iPad等设备利用无线网卡与路由器之间建立无线连接，即可构建内部无线局域网。

13.2.2　配置无线路由器

建立无线局域网的第一步就是配置无线路由器，默认情况下，具有无线功能的路由器是不开启无线功能的，需要用户手动配置，在开启了路由器的无线功能后，就可以配置无线网了。使用电脑配置无线网的操作步骤如下。

Step 01 打开浏览器，在地址栏中输入路由器管理后台地址，一般情况下路由器的默认网址为"192.168.0.1"，输入完毕后按Enter键，打开路由器的后台管理登录窗口，如图13-1所示。

图 13-1　路由器后台管理登录窗口

Step 02 在"请输入管理员密码"文本框中输入管理员的密码，默认情况下管理员的密码为admin，如图13-2所示。

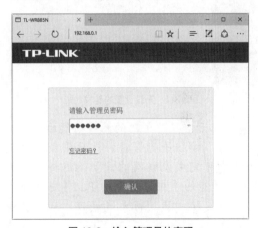

图 13-2　输入管理员的密码

Step 03 单击"确认"按钮，进入路由器的"运行状态"工作界面，在其中可以查看路由器的基本信息，如图13-3所示。

Step 04 选择窗口左侧的"无线设置"选项，在打开的子选项中选择"基本信息"选项，可在右侧的窗格中显示无线设置的基本功能，并勾选"开始无线功能"和"开启SSID广播"复选框，如图13-4所示。

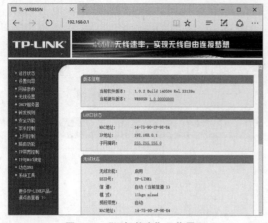

图 13-3 "运行状态"工作界面

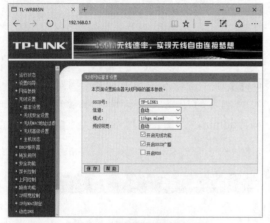

图 13-4 无线设置的基本功能

Step 05 当开启了路由器的无线功能后，单击"保存"按钮进行保存，然后重新启动路由器即可完成无线网的设置。这样，具有Wi-Fi功能的手机、电脑、iPad等电子设备就可以与路由器进行无线连接，从而实现共享上网。

13.2.3 将计算机接入Wi-Fi

笔记本电脑具有无线接入功能，台式电脑要想接入无线网，需要购买相应的无线接收器，这里以笔记本电脑为例，介绍如何将计算机接入无线网，具体的操作步骤如下。

Step 01 双击笔记本电脑桌面右下角的无线连接图标，打开"网络和共享中心"窗口，

在其中可以看该计算机的网络连接状态，如图13-5所示。

图 13-5 "网络和共享中心"窗口

Step 02 单击笔记本电脑桌面右下角的无线连接图标，在打开的界面中显示了其自动搜索的无线设备和信号，如图13-6所示。

图 13-6 无线设备信息

Step 03 单击一个无线连接设备，展开无线连接功能，在其中勾选"自动连接"复选框，如图13-7所示。

Step 04 单击"连接"按钮，在打开的界面中输入无线连接设备的连接密码，如图13-8所示。

Step 05 单击"下一步"按钮，开始连接网络，如图13-9所示。

图 13-7 无线连接功能

图 13-8 输入密码

图 13-9 开始连接网络

Step 06 连接到网络之后,桌面右下角的无线连接设备显示正常,并以弧线的方式显示信号的强弱,如图13-10所示。

Step 07 再次打开"网络和共享中心"窗口,在其中可以看到这台电脑当前的连接状态,如图13-11所示。

图 13-10 连接设备显示正常

图 13-11 当前的连接状态

13.2.4 将手机接入Wi-Fi

无线局域网配置完成后,用户可以将手机接入Wi-Fi,从而实现无线上网,这里以Android系统为例演示手机接入Wi-Fi,具体操作步骤如下。

Step 01 在手机界面中用手指点按"设置"图标,进入手机的"设置"界面,如图13-12所示。

图 13-12 "设置"界面

Step 02 使用手指点按WLAN右侧的"已关闭"，开启手机WLAN功能，并自动搜索周围可用的WLAN，如图13-13所示。

图 13-13　手机 WLAN 功能

Step 03 使用手指点按下面可用的WLAN，弹出连接界面，在其中输入相关密码，如图13-14所示。

图 13-14　输入密码

Step 04 点按"连接"按钮，将手机接入Wi-Fi，并在下方显示"已连接"字样，这样手机就接入了Wi-Fi，然后就可以使用手机进行上网了，如图13-15所示。

图 13-15　手机上网

13.3　常见无线网络攻击方式

无线网络存在巨大的安全隐患，家庭使用的无线路由器可以被黑客攻破，公共场所的免费Wi-Fi热点有可能就是钓鱼陷阱。用户在毫不知情的情况下，就可以造成个人敏感信息泄漏，稍有不慎访问了钓鱼网站，就会造成直接的经济损失。

13.3.1　暴力破解

暴力破解的原理就是使用攻击者自己的用户名和密码字典，一个一个去枚举，尝试是否能够登录。通过软件形式抓取无线网络的握手包进行暴力破解，比较有名的破解方式Kali系统涵盖很多无线渗透工具，例如aircrack-ng、Wifite等。

暴力破解的防护主要设置高强度密码，尽量使用"大小写字母+数字+符号"的12位以上组合，基本上暴力破解是无法破解的。

13.3.2　钓鱼陷阱

许多消费场所为了迎合消费者的需

求，提供更加高质量的服务，都会为消费者提供免费的Wi-Fi接入服务。例如，在进入一家餐馆或者咖啡馆时，我们往往会搜索一下周围开放的Wi-Fi热点，然后找服务员索要连接密码。这种习惯为黑客提供了可乘之机，黑客会提供一个名字和商家类似的免费Wi-Fi接入点，诱惑用户接入。

用户如果不仔细确认很容易连接到黑客设定的Wi-Fi热点，这样用户上网的所有数据包，都会经过黑客设备转发。黑客会将用户的信息截留下来分析，一些没有加密的通信就可以直接被查看，导致用户信息泄漏。

钓鱼陷阱的防护要做到在外尽量不要使用公共的Wi-Fi网络，使用的过程中尽量不要操作登录或者支付等动作，钓鱼陷阱一个常见排查方式就是查看Wi-Fi的信号强度，是否跟之前连接的信号强度差距比较大，或者查看无线网络出现相同SSID的无线网络。

13.3.3　攻击无线路由器

黑客对无线路由器的攻击需要分步进行，首先黑客会扫描周围的无线网络，在扫描到的无线网络中选择攻击对象，然后使用黑客工具攻击正在提供服务的无线路由器。主要做法是干扰移动设备与无线路由器的连接，抗攻击能力较弱的网络连接就可能因此而断线，继而连接到黑客预先设置好的无线接入点上。

黑客攻击家用路由器时，首先会使用黑客工具破解家用无线路由器的连接密码，如果破解成功，就可以利用密码成功连接到家用路由器，这样就可以免费上网。黑客不仅可以免费享用网络带宽，还可以尝试登录到无线路由器管理后台。登录无线路由器管理后台同样需要密码，但大多数用户安全意识比较薄弱，会使用默认密码或者使用与连接无线路由器相同的密码，这样很容易被猜到。

13.3.4　WPS PIN攻击

WPS PIN是路由器与无线设备（手机、笔记本电脑等）之间的一种加密方式；而PIN码是WPS的一种验证方式，相当于无线Wi-Fi的密码。黑客会使用一些软件检测路由器是否启用PIN码，进行PIN码的一个暴力破解攻击，Kali中也有包含PIN的工具的软件Reaver，PIN码攻击成功的概率还是比较高。

13.3.5　内网监听

黑客在连接到一个无线局域网后，就可以很容易地对局域网内的信息进行监听，包括聊天内容、浏览网页记录等。

实现内网监听有两种方式：一种方式是ARP攻击。ARP攻击就是在用户的手机、计算机和路由之间伪造中转站，这样不但可以对经过的流量进行监听、还能对流量进行限速。另一种方式是利用无线网卡的混杂模式监听。它可以收到局域网内所有的广播流量。这种攻击方式要求局域网网内要有正在进行广播的设备，如HUB。在公司或网吧我们经常看到HUB，这是一种"一条网线进，几十条网线出"的扩展设备。

针对内网监听攻击，其中应对ARP攻击可以通过配置ARP防火墙来防范，应对混杂模式监听可以使用SSL VPN对流量进行加密。

13.4　无线路由器的安全防范

在无线网络中，能够发送与接收信号的重要设备就是无线路由器了，因此，对无线路由器的安全防护，就等于看紧了无线网络的大门。

13.4.1　MAC地址过滤

网络管理的主要任务之一就是控制客户端对网络的接入和对客户端的上网行为

进行控制，无线网络也不例外，通常无线AP利用媒体访问控制（MAC）地址过滤的方法来限制无线客户端的接入。

使用无线路由器进行MAC地址过滤的具体操作步骤如下。

Step 01 打开路由器的Web后台设置界面，单击左侧"无线设置"→"MAC地址过滤"选项，默认情况下MAC地址滤功能是关闭状态，单击"启用过滤"按钮，开启MAC地址过滤功能，单击"添加新条目"按钮，如图13-16所示。

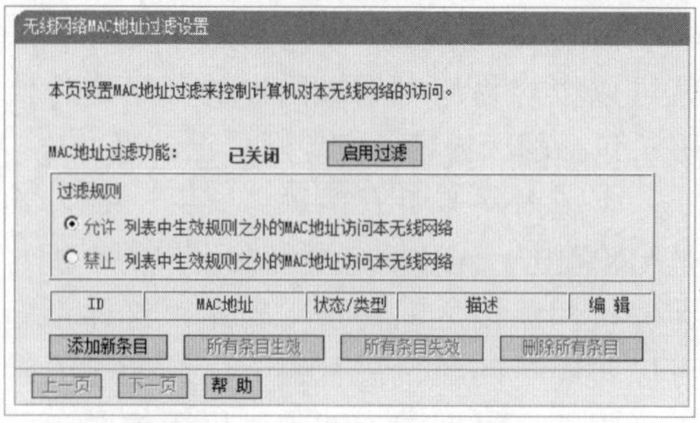

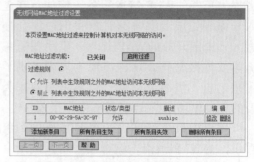

图 13-16 开启 MAC 地址过滤功能，

Step 02 打开"MAC地址过滤"对话框，在"MAC地址"文本框中输入无线客户端的MAC地址，本实例输入MAC地址为"00-0c-29-5A-3C-97"，在"描述"文本框中输入MAC描述信息sushipc，在"类型"下拉菜单中选择"允许"选项，在"状态"下拉菜单中选择"生效"选项，依照此步骤将所有合法的无线客户端的MAC地址加入此MAC地址表后，单击"保存"按钮，如图13-17所示。

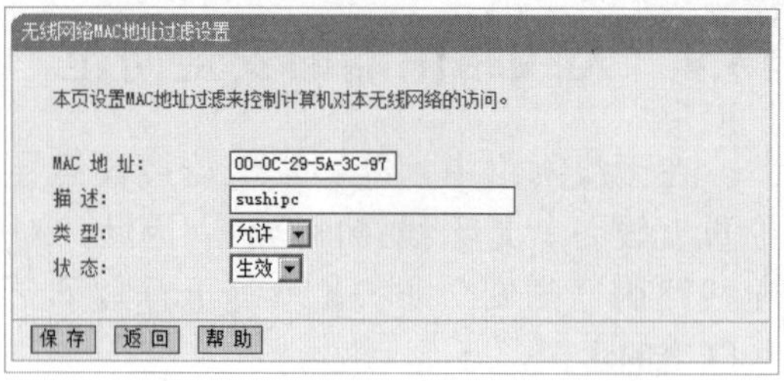

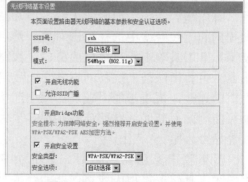

图 13-17 "MAC 地址过滤"对话框

Step 03 选中"过滤规则"选项下的"禁止"单选按钮，表明在下面MAC列表中生效规则之外的MAC地址可以访问无线网络，如

图13-18所示。

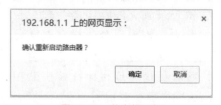

图 13-18 "MAC 地址过滤"对话框

Step 04 这样无线客户端在访问无线AP时，会发现除了MAC地址表中的MAC地址之外，其他的MAC地址无法再访问无线AP，也就无法访问互联网。

13.4.2 禁用SSID广播

无线路由器禁用SSID广播的具体操作步骤如下。

Step 01 打开路由器的Web后台设置界面，设置自己无线网络的SSID信息，取消勾选"允许SSID广播"复选框，单击"保存"按钮，如图13-19所示。

图 13-19 无线网络的 SSID 信息

Step 02 弹出一个提示对话框，单击"确定"按钮，重新启动路由器，如图13-20所示。

图 13-20 信息提示框

13.4.3　WPA-PSK加密

WPA-PSK可以看作是一个认证机制，只要求一个单一的密码进入每个无线局域网节点（例如无线路由器），只要密码正确，就可以使用无线网络。下面介绍如何使用WPA-PSK或者WPA2-PSK加密无线网络，具体操作步骤如下。

Step 01 打开路由器的Web后台设置界面，选择左侧"无线设置"→"基本设置"选项，勾选"开启安全设置"复选框，在"安全类型"下拉列表中选择"WPA-PSK/WAP2-PSK"选项，在"安全选项"和"加密方法"下拉菜单中分别选择"自动选择"选项，在"PSK密码"文本框中输入加密密码，本实例设置密码为sushi1986，如图13-21所示。

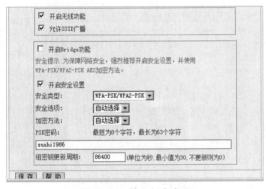

图 13-21　输入加密密码

Step 02 单击"保存"按钮，弹出一个提示对话框，单击"确定"按钮，重新启动路由器即可，如图13-22所示。

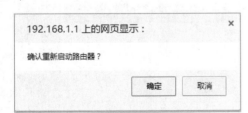

图 13-22　信息提示框

13.4.4　修改管理员密码

路由器的初始密码比较简单，为了保证局域网的安全，一般需要修改或设置管理员密码，具体的操作步骤如下。

Step 01 打开路由器的Web后台设置界面，选择"系统工具"选项下的"修改登录密码"选项，打开"修改管理员密码"工作界面，如图13-23所示。

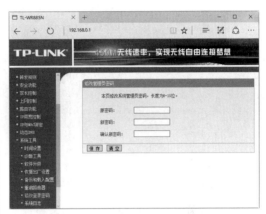

图 13-23　"修改管理员密码"工作界面

Step 02 在"原密码"文本框中输入旧密码，在"新密码"和"确认新密码"文本框中输入新设置的密码，最后单击"保存"按钮即可，如图13-24所示。

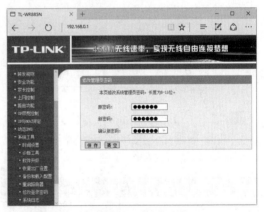

图 13-24　输入密码

13.4.5　《360路由器卫士》

《360路由器卫士》是一款由360官方推出的绿色免费的家庭必备无线网络管理工具。《360路由器卫士》软件功能强大，支持几乎所有的路由器。在管理的过程中，一旦发现蹭网设备想踢就踢。下面介绍使用《360路由器卫士》管理网络的操作方法。

Step 01 下载并安装《360路由器卫士》，双击桌面上的快捷图标，打开"路由器卫士"工作界面，提示用户正在连接路由器，如图13-25所示。

图 13-25 "路由器卫士"工作界面

Step 02 连接成功后，在弹出的对话框中输入路由器的账号与密码，如图13-26所示。

图 13-26 输入路由器账号与密码

Step 03 单击"下一步"按钮，进入"我的路由"工作界面，在其中可以看到当前的在线设备，如图13-27所示。

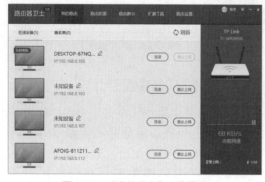

图 13-27 "我的路由"工作界面

Step 04 如果想要对某个设备限速，则可以单

击设备后的"限速"按钮，打开"限速"对话框，在其中设置设备的上传速度与下载速度，设置完毕后单击"确认"按钮保存设置即可，如图13-28所示。

图 13-28 "限速"对话框

Step 05 在管理的过程中，一旦发现有蹭网设备，可以单击该设备后的"禁止上网"按钮，如图13-29所示。

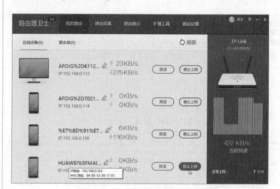

图 13-29 禁止不明设备上网

Step 06 禁止上网完后，单击"黑名单"选项卡，进入"黑名单"设置界面，在其中可以看到被禁止上网的设备，如图13-30所示。

图 13-30 "黑名单"设置界面

Step 07 选择"路由防黑"选项卡，进入"路

由防黑"设置界面,在其中可以对路由器进行防黑检测,如图13-31所示。

图13-31 "路由防黑"设置界面

Step 08 单击"立即检测"按钮,开始对路由器进行检测,并给出检测结果,如图13-32所示。

图13-32 检测结果

Step 09 选择"路由跑分"选项卡,进入"路由跑分"设置界面,在其中可以查看当前路由器信息,如图13-33所示。

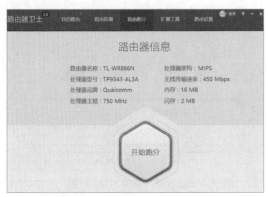

图13-33 "路由跑分"设置界面

Step 10 单击"开始跑分"按钮,开始评估当前路由器的性能,如图13-34所示。

图13-34 评估当前路由器的性能

Step 11 评估完成后,会在"路由跑分"界面中给出跑分排行榜信息,如图13-35所示。

图13-35 跑分排行榜信息

Step 12 选择"路由设置"选项卡,进入"路由设置"设置界面,在其中可以对宽带上网、Wi-Fi密码、路由器密码等选项进行设置,如图13-36所示。

图13-36 路由设置界面

Step 13 选择"路由时光机"选项,在打开的界面中单击"立即开启"按钮，打开"时光机开启"设置界面，在其中输入360账号与密码，然后单击"立即登录并开启"按钮，开启时光机，如图13-37所示。

图 13-37 "时光机开启"设置界面

Step 14 选择"宽带上网"选项，进入"宽带上网"界面，在其中输入网络运营商给出的上网账号与密码，单击"保存设置"按钮即可保存设置，如图13-38所示。

图 13-38 "宽带上网"界面

Step 15 选择"Wi-Fi密码"选项，进入"Wi-Fi密码"界面，在其中输入Wi-Fi密码，单击"保存设置"按钮即可保存设置，如图13-39所示。

Step 16 选择"路由器密码"选项，进入"路由器密码"界面，在其中输入路由器密码，单击"保存设置"按钮即可保存设置，如图13-40所示。

Step 17 选择"重启路由器"选项，进入"重启路由器"界面，单击"重启"按钮即可对当前路由器进行重启操作，如图13-41所示。

另外，使用《360路由器卫士》在管理

无线网络安全的过程中，一旦检测到有设备通过路由器上网，就会在电脑桌面的右上角弹出信息提示框，如图13-42所示。

图 13-39 "Wi-Fi 密码"界面

图 13-40 "路由器密码"界面

图 13-41 "重启路由器"界面

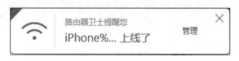

图 13-42 信息提示框

单击"管理"按钮，打开该设备的详细信息界面，在其中可以对设备网速进行限制管理，最后单击"确认"按钮即可，如图13-43所示。

图 13-43　详细信息界面

13.5　实战演练

13.5.1　实战1：加密手机的WLAN热点

为保证手机的安全，一般需要给手机的WLAN热点功能添加密码，具体的操作步骤如下。

Step 01 在手机的移动热点设置界面中，点按"配置WLAN热点"功能，在弹出的界面中点按"开放"选项，可以选择手机设备的加密方式，如图13-44所示。

图 13-44　配置 WLAN 热点

Step 02 选择好加密方式后，在下方显示密码输入框输入密码，然后单击"保存"按钮即可，如图13-45所示。

Step 03 加密完成后，使用电脑再连接手机设备时，系统提示用户输入网络安全密钥，如图13-46所示。

图 13-45　输入密码

图 13-46　输入网络安全密钥

13.5.2　实战2：无线路由器的WEP加密

打开路由器的Web后台设置界面，单击左侧"无线设置"→"基本设置"选项，勾选"开启安全设置"复选框，在"安全类型"下拉菜单中选择WEP选项，在"密钥格式选择"下拉菜单中选择"ASCⅡ码"选项。设置密钥，在"密钥1"后面的"密钥类型"下拉列表中选择"64位"选项，在"密钥内容"文本框中输入要使用的密码，本实例输入密码为cisco，单击"保存"按钮，如图13-47所示。

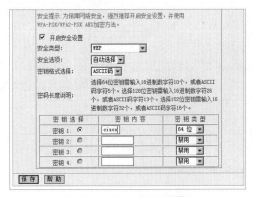

图 13-47　Web 后台设置界面